普通高等教育"十二五"规划教材
PUTONG GAODENGJIAOYU SHIERWU GUIHUAJIAOCAI

机械制造工程训练报告

◎主　编:何国旗　何　瑛　李玉平
◎副主编:陈召国　彭北山　莫亚武
◎主　审:唐川林

JIXIEZHIZAOGONGCHENGXUNLIANBAOGAO

中南大学出版社
www.csupress.com.cn

内容简介

《机械制造工程训练报告》是根据《机械制造工程训练》内容的基本要求编写的，与《机械制造工程训练》配套使用。

全书共分十章，包括机械工程材料铸造，锻压，焊接，车削加工，铣削、刨削、磨削加工，钳工，数控加工，特种加工等内容。本书作为学生实习课的作业，内容包括：填空题、判断题、选择题、简答题、工艺分析题、编程题等多种类型的复习题、思考题和综合分析题。并根据各工种实习内容和时间的多少，安排每次实习报告的内容，以帮助学生复习、巩固已掌握的知识。

本书注重工种训练与综合训练的结合，拓宽实践教学视野。内容兼顾机械类、近机械类和非机械类各专业和不同层次学生的训练教学要求，全书分为两部分，第一部分供机类及近机类专业学生使用，第二部分供非机械类专业学生使用。可由各训练工种指导教师依据不同专业教学要求适当掌握。

针对每个训练的不同，列出了实训的目的、内容、方法步骤、考核目标和安全要求，使学生对实习的全过程有一个完整的认识和了解。

本书可作为高等工科院校、高职高院校等机械类、近机械类及非机类“机械制造工程训练”课程的实习报告，也可供成人高校、电视大学、函授大学及中等职业学校参考。

图书在版编目（CIP）数据

机械制造工程训练报告 / 何国旗，何瑛，李玉平主编.
--长沙：中南大学出版社，2012.5
ISBN 978-7-5487-0519-2

Ⅰ.机… Ⅱ.①何…②何…③李… Ⅲ.机械制造工艺—高等学校—教材 Ⅳ.TH16

中国版本图书馆 CIP 数据核字(2012)第 081796 号

机械制造工程训练报告

何国旗　何　瑛　李玉平　主编

□责任编辑　谭　平
□责任印制　易红卫
□出版发行　中南大学出版社
社址：长沙市麓山南路　邮编：410083
发行科电话：0731-88876770　传真：0731-88710482
□印　　装　长沙德三印刷有限公司

□开　　本　787×1092　1/16　□印张 7.75　□字数 190 千字
□版　　次　2012 年 7 月第 1 版　□2018 年 8 月第 6 次印刷
□书　　号　ISBN 978-7-5487-0519-2
□定　　价　20.00 元

总序 FOREWORD.

机械工程学科作为联结自然科学与工程行为的桥梁，它是支撑物质社会的重要基础，在国家经济发展与科学技术发展布局中占有重要的地位，21 世纪的机械工程学科面临诸多重大挑战，其突破将催生社会重大经济变革。当前机械工程学科进入了一个全新的发展阶段，总的发展趋势是：以提升人类生活品质为目标，发展新概念产品、高效高功能制造技术、功能极端化装备设计制造理论与技术、制造过程智能化和精准化理论与技术、人造系统与自然世界和谐发展的可持续制造技术等。这对担负机械工程人才培养任务的高等学校提出了新挑战：高校必须突破传统思维束缚，培养能适应国家高速发展需求的具有机械学科新知识结构和创新能力的高素质人才。

为了顺应机械工程学科高等教育发展的新形势，湖南省机械工程学会、湖南省机械原理教学研究会、湖南省机械设计教学研究会、湖南省工程图学教学研究会、湖南省金工教学研究会与中南大学出版社一起积极组织了高等学校机械类专业系列教材的建设规划工作。成立了规划教材编委会。编委会由各高等学校机电学院院长及具有较高理论水平和教学经验的教授、学者和专家组成。编委会组织国内近20 所高等学校长期在教学、教改第一线工作的骨干教师召开了多次教材建设研讨会和提纲讨论会，充分交流教学成果、教改经验、教材建设经验，把教学研究成果与教材建设结合起来，并对教材编写的指导思想、特色、内容等进行了充分的论证，统一认识，明确思路。在此基础上，经编委会推荐和遴选，近百名具有丰富教学实践经验的教师参加了这套教材的编写工作。历经两年多的努力，这套教材终于与读者见面了，它凝结了全体编写者与组织者的心血，是他们集体智慧的结晶，也是他们教学教改成果的总结，体现了编写者对教育部“质量工程”精神的深刻领悟和对本学科教育规律的把握。

这套教材包括了高等学校机械类专业的基础课和部分专业基础课教材。整体看来，这套教材具有以下特色：

(1) 根据教育部高等学校教学指导委员会相关课程的教学基本要求编写。遵循“重基础、宽口径、强能力、强应用”的原则，注重科学性、系统性、实践性。

(2) 注重创新。本套教材不但反映了机械学科新知识、新技术、新方法的发展趋势和研究成果，还反映了其他相关学科在与机械学科的融合与渗透中产生的新前沿，体现了学科交叉对本学科的促进；教材与工程实践联系密切，应用实例丰富，体现了机械学科应用领域在不断扩大。

(3) 注重质量。本套教材编写组对教材内容进行了严格的审定与把关，教材力求概念准确、叙述精练、案例典型、深入浅出、用词规范，采用最新国家标准及技术规范，确保了教材的高质量与权威性。

(4) 教材体系立体化。为了方便教师教学与学生学习，本套教材还提供了电子课件、教学指导、教学大纲、考试大纲、题库、案例素材等教学资源支持服务平台。

教材要出精品，而精品不是一蹴而就的，我将这套书推荐给大家，请广大读者对它提出意见与建议，以利进一步提高。也希望教材编委会及出版社能做到与时俱进，根据高等教育改革发展形势、机械工程学科发展趋势和使用中的新体验，不断对教材进行修改、创新、完善，精益求精，使之更好地适应高等教育人才培养的需要。

衷心祝愿这套教材能在我国机械工程学科高等教育中充分发挥它的作用，也期待着这套教材能哺育新一代学子茁壮成长。

钟　掘

中国工程院院士

2012 年 5 月

前　　言

工程训练是一门实践性很强的技术基础课，是机械类及近机械类学生学习工程材料、材料成形技术基础、机械制造技术基础等后续课程必不可少的先修课。工程训练能使学生得到思想教育和锻炼、获取工艺知识、增强工程实践能力，提高综合素质、培养创新意识和创新能力，起着其他课程不能替代的重要作用。

根据国家教育部颁布的“金工实习教学基本要求”及适应教育、教学的发展，为了与《机械制造工程训练》教材配套，我们编写了《机械制造工程训练报告》，旨在提高工程训练教学质量和检查工程训练教学效果。

本书由何国旗、何瑛、李玉平主编，陈召国、彭北山、莫亚武任副主编。参加编写的还有陈文凯、刘文详等。唐川林教授担任主审。

对所有关心和帮助本报告编写的同志均表示衷心感谢！由于编写水平有限，时间仓促，难免存在错误和不妥之处，敬请读者批评指教，以便修正。

编者

2012 年 6 月

说　明

1.《机械制造工程训练报告》是学生在工程训练期间的课外作业，人手一册。每训练完一个工种，须完成该工种的规定报告，并交各工种指导教师批改。在填写《机械制造工程训练报告》时，要保持幅面整洁，字迹清楚、规范。训练结束后交工业培训中心装订后保存。

2. 本报告中凡打“ * ”的，均作为近机械类选做题，由各工种指导教师具体选定。

3. 机械制造工程训练是实践性很强的教学环节，该课程教学的质量高低对后续课程教学的影响很大。工程训练成绩由以下三部分组成（按 100 分计，三项相加，总成绩 100 分）：(1)操作训练占60 分；(2)训练报告占 10 分；(3)综合笔试占 30 分。上述三项成绩中若有某项成绩不及格或任一工种操作训练不及格，则工程训练成绩不予通过。成绩中若实训部分（含操作训练和训练报告）和综合笔试成绩均不及格，则总成绩为 49 分；若实训部分成绩不及格，综合笔试成绩及格，则总成绩为 50 分；若实训部分成绩及格，综合笔试成绩不及格，则总成绩为 51 分。

学生工程训练守则

1. 学生在工程训练中心进行工程训练时，须佩戴学生训练证、穿着工作服进入训练中心，按排定的轮换表分组进入各工种训练场地进行训练。

2. 学生在训练时必须集中思想，严格遵守工程培训中心各项规章制度，严格遵守各工种制定的安全操作规定。

3. 凡训练场地备有防护用具的工种，学生在训练前必须全部佩戴，方可开始训练，杜绝发生安全事故。

4. 学生应听从指导教师的指导，按各工种规定的训练内容进行操作。

5. 学生应在指定场地训练，不准串岗。在训练场地内不准互相打闹，不得做与训练无关的事。

6. 学生训练时，应爱护机器设备，细心使用工具、量具。工具、量具使用后，应放在指定地点，如有丢失或无故损坏，按原价或折价赔偿。

7. 训练场地的一切设备，未经许可，不准擅自操作。训练时如遇机器故障，应先停止机器运转并立即报告指导教师，严禁擅自拆修。如有违反，后果自负。

8. 每次训练完毕后，应整理工具、量具和打扫机床及训练场地。

9. 学生在训练时间内因故需请假，半天以上由所在院系出具证明；半天以内应先向指导教师请假，经指导教师同意后持出门条方可离开；无故不到按旷课处理。

10. 学生在训练期间，如违犯本规则之一者，按情节轻重，给予相应处理。

目　　录

安全知识习题

班级及学号		姓名		成绩	

一、判断

1. 在剪切作业时，光线强度、湿度变化都能影响作业的安全。 （ ）
2. 车工可以戴手套操作。 （ ）
3. 工人操作刨床时，应该站在工作台的前面。 （ ）
4. 运转中的机械设备对人的伤害主要有撞伤、压伤、轧伤、卷缠等。 （ ）
5. 机器保护罩的主要作用是使机器较为美观。 （ ）
6. 在锻造过程中，及时清除锻件、锤子和冲头的毛刺是为了使锻件更美观。 （ ）
7. 在金属冷加工中经常发生烫伤事件。 （ ）
8. 机床上所安装的安全防护装置主要是用于防止物件进入机器里面。 （ ）
9. 锻件温度过低时，锻工应该拒绝锻打。 （ ）
10. 钻孔时，当孔快要钻穿工件时，应该加快钻尖下降速度以迅速钻透。 （ ）
11. 应该用汽油擦机器、洗工件、擦地、洗手、洗衣服。 （ ）
12. 为了取用方便，手用工具应放置在工作台边缘。 （ ）
13. 发现有人被机械伤害时，虽及时紧急停车，但因设备惯性作用，仍可造成伤亡。 （ ）
14. 检测与监控对设备安全运行的作用之一是提供设备准确的运行状态。 （ ）
15. 将监测、控制、评价融为一体的系统是设备故障诊断。 （ ）
16. 设备有形磨损第一阶段是初期磨损阶段，磨损速度快。 （ ）
17. 从保证设备安全运行角度来说，更应强调的是预防性维修。 （ ）
18. 设备寿命期内，由于自然力量的作用或因保管不善而造成的锈蚀、老化、腐朽，甚至引起工作精度和工作能力的丧失，即称为自然磨损。 （ ）
19. 培训操作人员是设备使用前的准备工作之一。 （ ）
20. 设备使用安全管理制度包括岗位责任制、操作证制度和安全检查、检验制度。（ ）
21. 接班人员必须提前15分钟到达现场，了解设备情况，认真接班并检查记录填写情况。 （ ）
22. 多班制生产设备，都必须执行交接班制度。认真准确填写“设备交接班记录”，并签字。一班制生产设备，操作工可不填写设备使用记录。 （ ）
23. 要求设备操作人员做到“三好”，其含义是：修好、用好、管好。 （ ）
24. 设备操作人员在设备运转时要离开岗位，应委托他人暂代管。 （ ）

25. 操作者对设备负有保管责任，未经领导同意，不许他人动用。（ ）

26. 要求设备操作人员做到“四会”指：会使用、会维护、会检查、会排除故障。（ ）

27. 操作工必须做到设备及其周围工作场地的“四项要求”是：整齐、清洁、宽敞、安全。（ ）

28. 要求设备操作人员做到“润滑五定”是定设备、定时、定油、定量、定人。（ ）

29. 为了提高设备生产效率而给主体设备设置的各种附加装置，都统称为安全装置。（ ）

30、事故是由于物的不安全状态和人的不安全行为在一定的空间里发生所致。（ ）

二、单选

1. 在下列哪种情况下，不可进行机器的清洗？（ ）

A. 没有安全员在场　　B. 机器在开动中　　C. 没有操作手册

2. 下列哪项操作对长发者的危险最小？（ ）

A. 纺纱机　　B. 车床　　C. 电脑

3. 下列哪项是铸工操作时不需要的？（ ）

A. 保持操作场所干燥　　B. 操作前对工具进行预热　　C. 正面看着冒口操作

4. 操作机械时，护罩处于关闭位置，而护罩一旦处于开放位置，就会使机械停止动作，指的是下列哪种护罩的运作方式？（ ）

A. 固定式护罩　　B. 互锁式护罩　　C. 触摸式护罩

5. 刚刚车削下来的切屑有较高的温度，极易引起烫伤，其温度可以达到（ ）。

A、500℃以下　　B. 600～700℃　　C. 800℃以上

6. 锻工操作时，下列规定哪项是不正确的？（ ）

A. 用夹钳取送模具　　B. 气锤开动前，先空锤试打

C. 切断金属毛坯时要轻击

7. 机床工作结束后，应最先做哪些安全工作？（ ）

A. 清理机床　　B. 关闭机床电器系统和切断电源

C. 润滑机床

8. 指出下列哪种装置属于防触电安全装置？（ ）

A. 防爆膜　　B. 制动装置　　C. 接地装置　　D. 安全阀

9. 以下不属于防触电安全装置的是（ ）。

A. 断电保险装置　　B. 电容器放电装置　　C. 接地　　D. 绝缘手套

10. 接班人员必须提前到达现场，了解设备情况，认真接班并检查记录填写情况。提前到达的时间为（ ）。

A. 10～15 分钟　　B. 1～3 分钟　　C. 3～5 分钟　　D. 5～7 分钟

11. 要求设备操作人员做到“四会”，其中不包括（ ）。

A. 会改造　　B. 会排除故障　　C. 会使用　　D. 会检查

12. 操作工必须做到设备及其周围工作场地的“四项要求”中不包括（ ）。

A. 整齐　　B. 宽敞　　C. 润滑　　D. 安全

13. 要求设备操作人员做到“五项纪律”，其中不包括（ ）。

A. 发生故障，立即排除或报告　　B. 戴防护手套
C. 凭操作证使用设备，遵守安全操作规程　　D. 随机附件、工具、文件齐全

14. 机械设备操作前要进行检查，首先进行(　　)。

A. 实验运转　　B. 空车运转　　C. 实际操作

15. 各种气瓶的存放，应避免阳光暴晒，搬运时不能碰撞，必须距离明火(　　)。

A. 5 米　　B. 8 米　　C. 10 米

16. 搬运气瓶时，应该(　　)。

A. 盖好瓶帽　　B. 随便挪动　　C. 无具体安全规定

三、多选

1. 要求设备操作人员必须做到下列哪些项？(　　)

A. 凭操作证使用设备，遵守安全操作规程　　B. 保持设备整洁、润滑良好
C. 严格执行交接班制度　　D. 随机附件、工具、文件齐全
E. 发生故障，立即排除或报告

2. 要求设备操作人员做到“四会”，其含义是(　　)。

A. 会保管　　B. 会使用　　C. 会维护
D. 会检查　　E. 会排除故障

3. 设备使用安全管理应建立完善哪些制度？(　　)

A. 岗位责任制　　B. 操作证制度　　C. 安全检查、检验制度
D. 维修保养制度　　E. 交接班制度

四、填空

1. 机械伤害是指机械做出强大的功作用于__________的伤害。受机械伤害的人最多的部位是手，因为在劳动中手与机械接触最为频繁。

2. 车工对切下来的带状、螺旋状切屑，应用__________及时清除，严禁用手拉，以免割伤、烫伤。

3. 机床工作结束后，应关闭机床电器系统和切断电源，然后再做清理工作，并____机床。

4. 车削加工时的不安全因素：一是工件及其__________装置的旋转；二是切削过程中所产生的高温切屑的飞溅。

5. 工作前将设备空运转__________分钟，检查设备各部件是否有异常，离合器制动装置是否灵活。确定无误后，才能开机。严禁操作有故障的设备。

指导教师签名________________　报告日期__________

第一部分

机械类及近机械类适用

实训报告一　机械工程材料

班级及学号		姓名		成绩	

目的和要求

1. 了解工程材料的种类；钢铁材料的牌号和主要性能特点。
2. 了解钢的热处理原理、作用以及常用热处理方法。
3. 了解常用的热处理设备的种类和结构。
4. 进行实践零件的热处理工艺操作。

热处理实践安全技术

1. 按照有关的规定穿戴好防护用品。
2. 操作前，应熟悉零件的工艺要求以及相关设备的使用方法，严格按工艺规程操作。
3. 使用电阻炉加热时，应在切断电源的情况下进行工件的进炉或出炉操作。使用盐浴炉加热时，工件和工具都应烘干。
4. 不要触摸出炉后尚在高温的热处理工件，以防烫伤。

一、选择

1. 洛氏硬度值的正确表示方法为(　　)。
A. HRC55　　B. HRC55kg /mm^2　　C. 55HRC　　D. 55HRC kg /mm^2
2. 调质处理的目的是(　　)。
A. 提高硬度　　B. 降低硬度
C. 获得较好的综合力学性能　　D. 改善切削加工性
3. 制造锉刀、手用锯条时，应选用的材料为(　　)。
A. TIOA　　B. 65 钢　　C. Q235　　D. 16Mn
4. 45 钢的淬火加热温度应选择在(　　)。
A. 760 ~ 780℃　　B. 800 ~ 820℃　　C. 850 ~ 870℃　　D. 950 ~ 970℃
5. 与钢相比，铸铁工艺性能的突出特点是(　　)。
A. 可焊性能好　　B. 淬透性能好　　C. 锻造性能好　　D. 铸造性能好
6. 碳钢中有害元素是(　　)和(　　)。
A. 硫　　B. 磷　　C. 锰　　D. 硅
7. 实习中做的锤头应采用的热处理工艺是(　　)。

A. 正火　　　　　　　　　　　B. 退火

C. 淬火 + 低温回火　　　　　　D. 调质

8. 制造锉刀、手工锯条的材料是(　　)。

A. 45 钢　　B. T12A　　C. W18Cr4V

9. 钻头、铣刀常用的材料是(　　)。

A. Q235　　B. T12A　　C. W18Cr4V

10. 机床传动用齿轮应选用的材料是(　　)。

A. 40Cr 或 45　　B. HT150　　C. 1Cr18Ni9

二、判断

1. 正火后钢的强度和硬度比退火后高。(　　)
2. 淬火是为了降低零件硬度，便于切削加工。(　　)
3. 制造切削刀具常采用的热处理工艺是淬火后低温回火。(　　)
4. 细长或薄而平的零件，淬火时应垂直放入冷却液中 。(　　)
5. 退火主要用于降低材料的硬度，便于切削加工。(　　)
6. 任何钢种通过淬火都能达到硬而耐磨的目的。(　　)
7. 淬火件的中温回火主要用于各种弹簧、锻模的处理。(　　)
8. 工件浸入冷却介质时，细长件应垂直浸入。(　　)
9. 塑料是一种应用很广的有机高分子化合物。(　　)
10. 橡胶制品需在橡胶中加人硫化剂并经过硫化处理才能使用。(　　)

三、填空

1. 金属材料的力学性能主要有________、________、________、________等。

2. 碳的质量分数小于________的铁碳合金称为________；碳的质量分数大于________的铁碳合金称为________。

3. 机械工程材料可分为：________、________和________。

4*. 塑料按热性能分为________、________二种；塑料按用途分为________、________、________三种。

5*. 陶瓷是________的总称，具有________、________性能。

6*. 组成复合材料的基体材料起________作用；增强材料起________作用。

7. 钢进行热处理的主要目的是：________、________。

8. 钢的普通热处理包括：________、________、________和________。

9. 钢的表面热处理包括：________、________。

10. 下图中各工艺曲线分别代表的热处理工艺方法是：

① 是________

② 是________

③ 是________

④ 是________

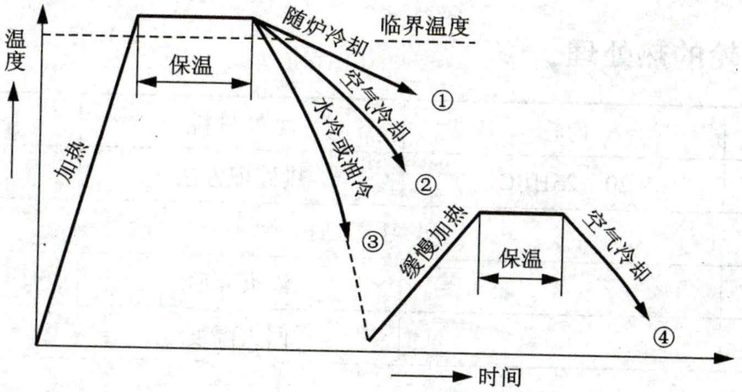

13. 常用热处理加热炉有________、________和________。

四、问答

1. 简述常用钢材按化学成分及用途各分为哪几类?

2. 什么是调质处理?哪些零件适合采用调质处理工艺?

3. 若要对中碳钢或中碳合金钢制成的齿轮齿面进行强化,宜采用什么热处理工艺方法?

4. 简述零件表面处理技术的特点。

5*. 什么是发蓝(发黑)处理?

6*. 试述氧化处理(发黑)的工艺流程。

7*. 试述镀锌的工艺流程。

五*、传动齿轮的热处理

零件名称	齿轮	零件材料	45 钢
热处理要求	20～25HRC	热处理方法	调质处理
实 习 数 据			
热处理设备		淬火介质	
淬火温度		回火温度	
零件图	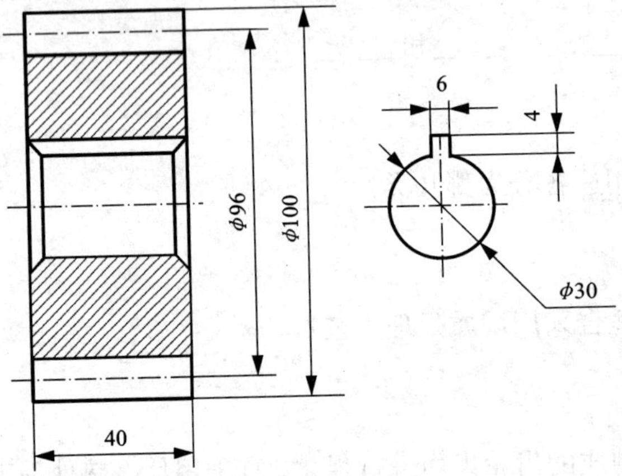	齿轮参数：模数 $m=2$ 齿数 $z=48$ 压力角 $\alpha=20°$ 公法线长度 $w=35.88$	

1. 绘出热处理工艺曲线。

2. 简述采用高温回火的理由。

3. 零件在热处理前后力学性能有何变化？

指导教师签名＿＿＿＿＿＿＿＿ 报告日期＿＿＿＿＿＿

实训报告二　铸　　造

班级及学号		姓名		成绩	

目的和要求

1. 熟悉砂型铸造生产的工艺过程及其特点和应用。
2. 了解型砂、芯砂等造型材料的主要性能、组成及其设备。
3. 了解砂型的结构以及模样(芯盒)、铸型(型芯)、铸件、零件之间的关系和区别。
4. 掌握手工两箱造型(整模、分模、挖砂造型等)的特点及操作技能，了解其他手工造型方法的特点及应用，了解机器造型的特点及造型机的工作原理。
5. 熟悉铸件分型面的选择，并能对铸件进行初步工艺分析。
6. 了解铸铁、铸钢、铝合金的熔炼方法、设备和浇注工艺。
7. 了解铸件的常见缺陷及产生的原因。
8. 了解常用特种铸造的主要原理、特点和应用。
9. 了解铸造生产安全技术及简单经济分析。

铸造实践安全技术

1. 必须穿戴好工作服、帽、鞋等防护用品。
2. 造型时，不要用嘴吹型(芯)砂；造型工具应正确使用，用完后不要乱放；翻转和搬动砂箱时，要小心，防止压伤手脚。
3. 浇注前，浇包须烘干；浇注时，浇包内的金属液不可过满，搬运浇包和浇注过程中要保持平稳，严防发生倾翻和飞溅事故；操作者与金属液保持一定的距离，且不能位于熔液易飞溅的方向，不操作的浇注者应远离浇包；多余的金属液应妥善处理，严禁乱倒乱放。
4. 铸件在铸型中应保持足够的冷却时间，不要去碰未冷却的铸件。
5. 清理铸件时，应注意周围环境，正确使用清理工具，合理掌握用力大小和方向，防止飞出的清理物伤人。

一、判断

1. 型砂是制造砂型的主要材料。　(　　)
2. 砂型铸造是生产大型铸件的唯一方法。　(　　)
3. 为了改善砂型的透气性，应在砂型的上下箱都扎通气孔。　(　　)
4*. 舂砂时，砂型的紧实度越高，强度也越高，则铸件质量越好。　(　　)

5. 芯骨的作用是用来增加砂型的强度。 (　　)

6. 造型时，砂型的分型面一般应取在铸件的最大截面处。 (　　)

7. 冒口主要起补缩作用，其位置应设置在铸件的最高处。 (　　)

8. 当铸件生产批量较大时，都可用机器造型代替手工造型。 (　　)

9. 熔模铸造无分型面，故铸件的尺寸精度较高。 (　　)

10*. 铸件浇注不足与浇注温度、浇注速度及铸件壁厚有关。 (　　)

11. 铸件出现缩孔是由于冒口与冷铁设置不当所造成。 (　　)

12*. 合理开设横浇道，有利于防止铸件夹渣的产生。 (　　)

13*. 铸造用模样结构特点之一，是模样壁上均有拔模斜度。 (　　)

14*. 直浇道越短，金属液越容易充满铸型型腔。 (　　)

二、填空

1. 铸铁、铸钢及非铁合金的熔炼分别可采用________炉、________炉、________炉。

2. 冲天炉熔化用的炉料主要有________、________、________三部分，熔剂在冶炼过程中所起的作用是________。

3. 铸造是指________、制造________，并将其浇入________，凝固后获得一定形状、尺寸与性能的铸件成形方法。

4. 铸型组成如下图，请填其名称。

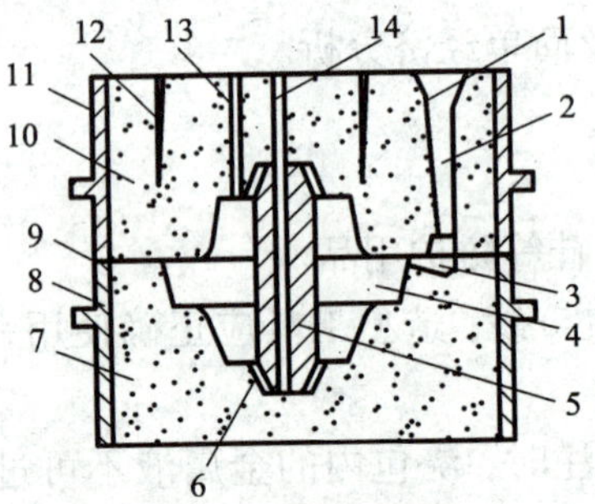

(1)________ (2)________

(3)________ (4)________

(5)________ (6)________

(7)________ (8)________

(9)________ (10)________

(11)________ (12)________

(13)________ (14)________

5. 型砂应具备的主要性能有________、________、________、________等；型砂主要由________、________、________和________等材料组成。

6. 用手捏法检验型砂性能时，用手能捏成________，放手后可看出________，折断时断面________，有足够的________。

7. 请为下列 6 种铸件选择合理的手工造型方法。

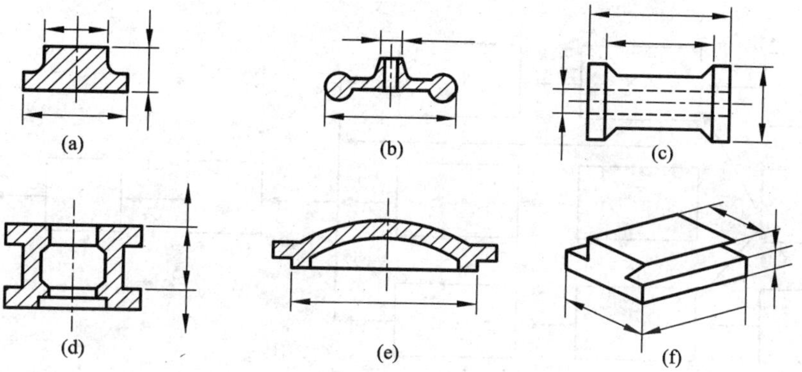

a. (　　　　　　)　b. (　　　　　　)　c. (　　　　　　)

d. (　　　　　　)　e. (　　　　　　)　f. (　　　　　　)

8*. (1)指出下图各部分名称

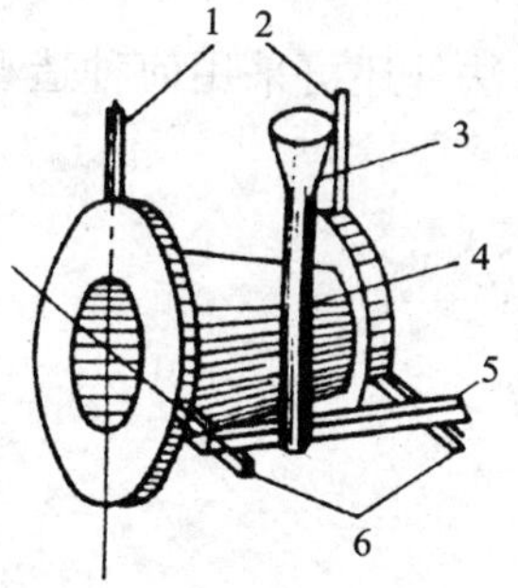

(1)________________

(2)________________

(3)________________

(4)________________

(5)________________

(6)________________

(2)指出下列各图浇注系统的形式

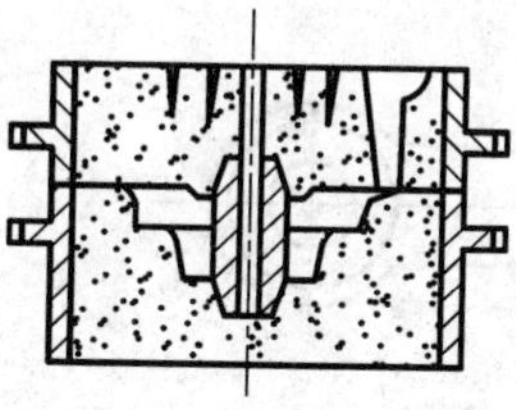

__________形式

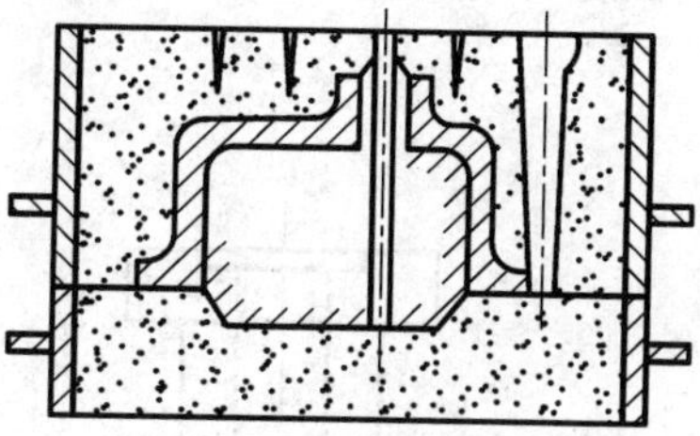

__________形式

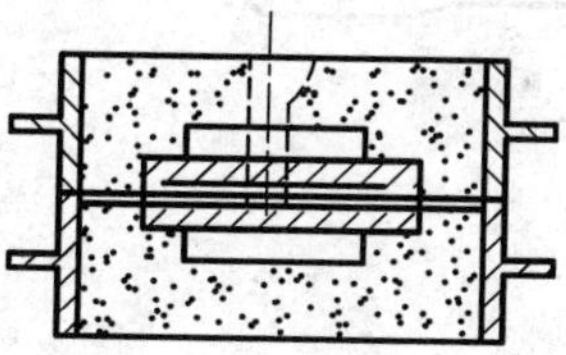

__________形式

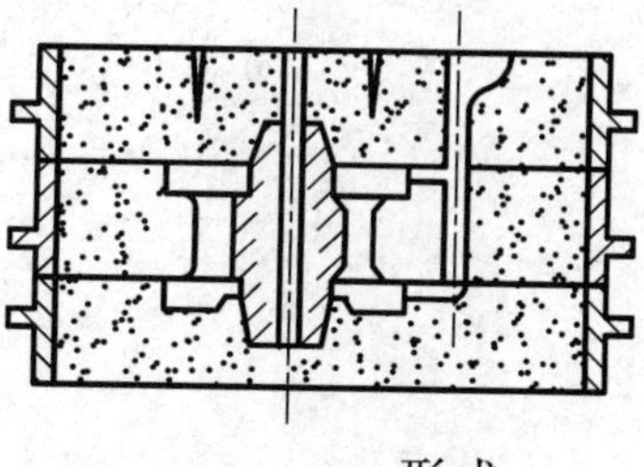

__________形式

三、填写砂型铸造生产工艺过程

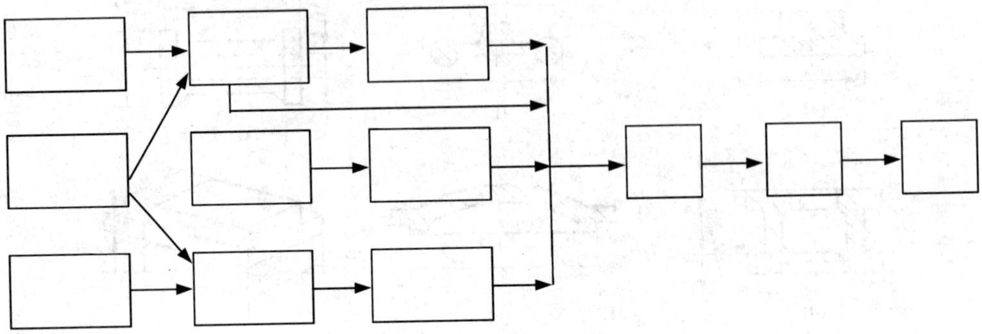

四、问答

1. 简述二大题 7 小题中图(d)、(f)所示铸件的造型过程和造型所用工具。

2. 二大题 7 小题中图(d)所示铸件，除你列出的造型方法外还可采用何种造型方法?

3. 铸件的清理包括哪些方面? 常用的清理方法有哪些?

4*. 试在所给出的图中标出合理的分型面。

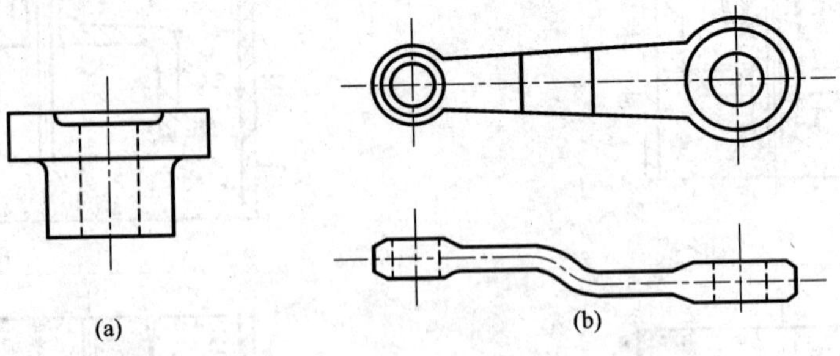

5．除砂型铸造外，常用特种铸造方法有哪些？分别适用于什么场合？

6．*将轴承座零件图绘制成铸造工艺图。

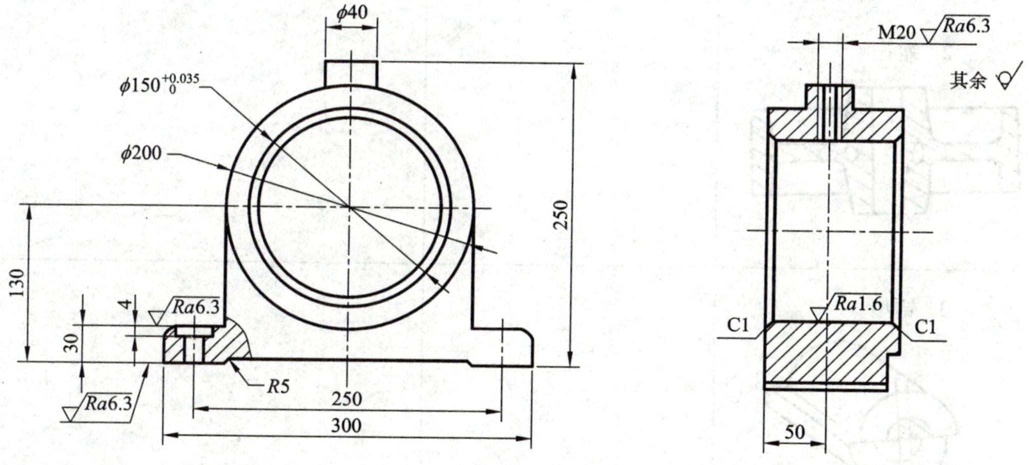

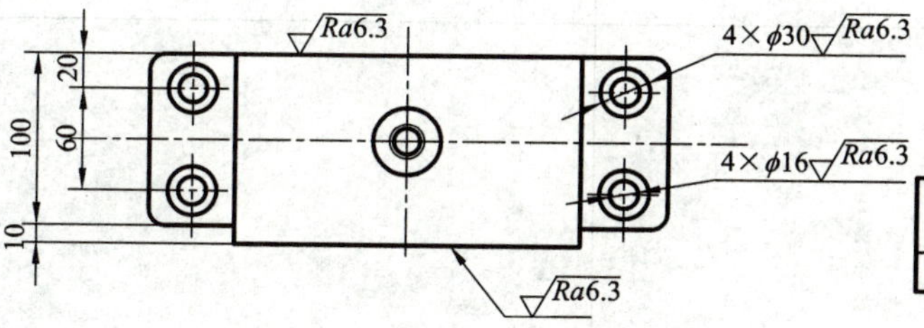

技术要求：

1．铸件不得有砂眼疏松等缺陷。

2．未注铸造圆角R3。

轴承座		设计		
		件数	比例	重量
材料	HT150	1	1:3	

五、* 分析与说明

1. 填表：铸件缺陷分析。

铸件缺陷的名称和图例	缺 陷 特 征	产生缺陷的主要原因
1. 气孔 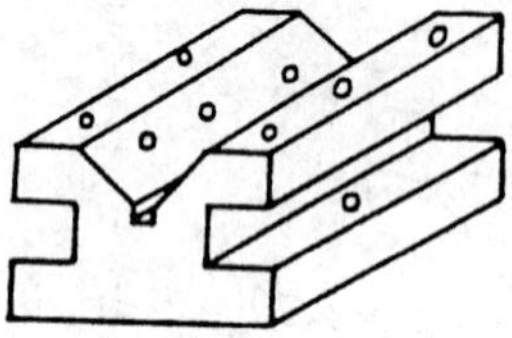		
2. 缩孔 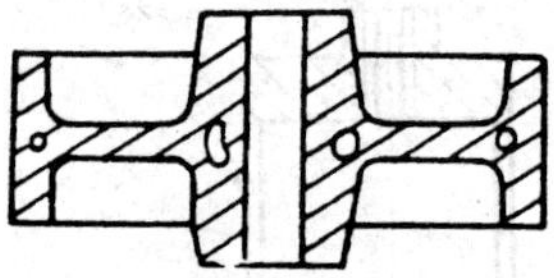		
3. 错型 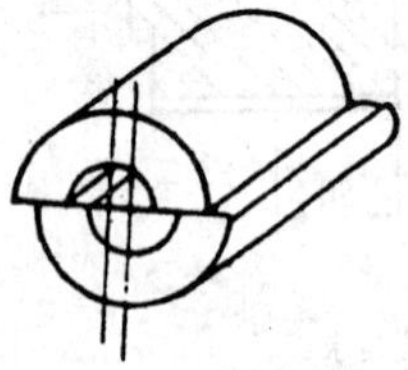		
4. 黏砂 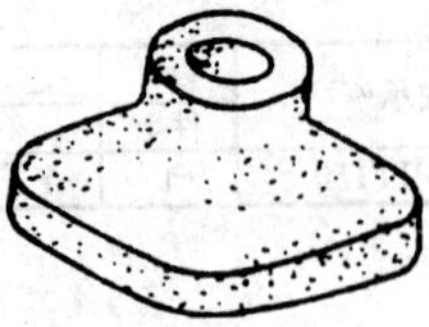		
5. 冷裂 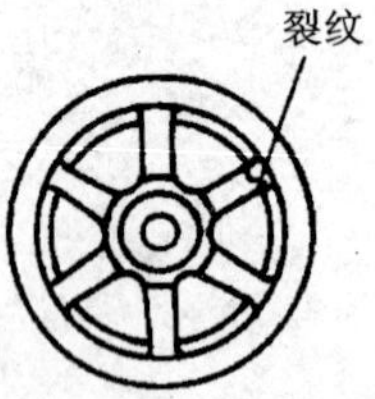		

2. 填表：型芯的作用分析。

型 芯 的 形 状	名称、特点及应用场合
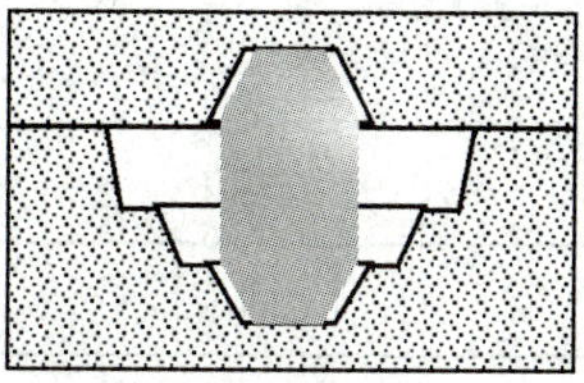	
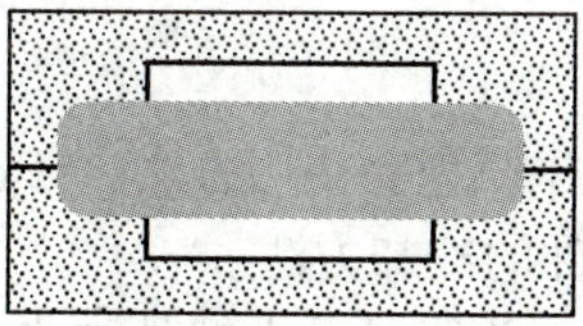	
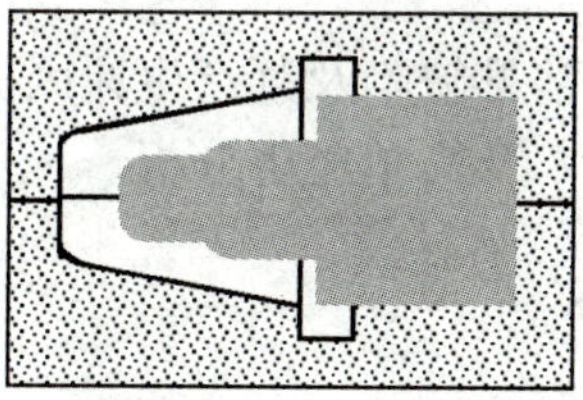	
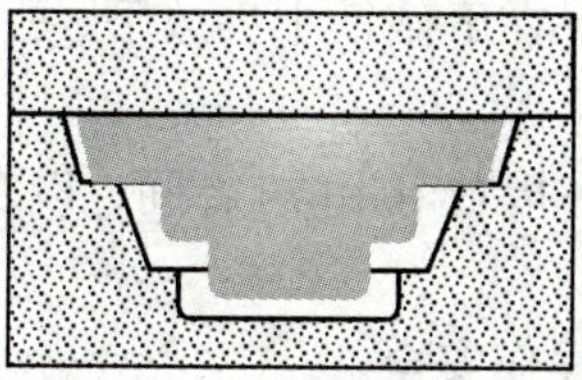	
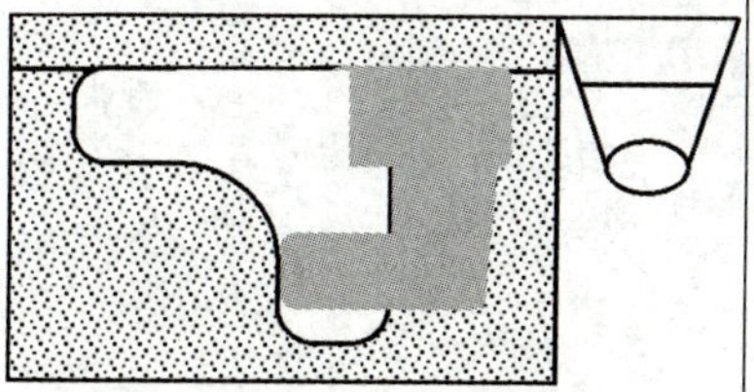	

指导教师签名________________ 报告日期________

实训报告三　锻　　压

班级及学号		姓名		成绩	

目的和要求

1. 熟悉锻压生产的工艺过程、特点及应用。

2. 了解锻压生产所用设备(如空气锤、冲床等)的结构、工作原理和使用方法。

3. 了解坯料加热的目的和方法、常见的加热缺陷；了解锻件的冷却方法。

4. 掌握自由锻基本工序的特点和简单自由锻件的操作技能，并能对自由锻件初步进行工艺分析。

5. 了解模锻和胎模锻的工艺特点及应用。

6. 了解冲压基本工序和冲模的结构；了解锻件和冲压件的常见缺陷及其产生原因。

7. 了解钣金工艺特点和应用；了解锻压和钣金生产安全技术及简单经济分析。

锻压实践安全技术

1. 穿戴好工作服等防护用品。

2. 检查所用的工具是否安全、可靠；手工锻时，应经常注意检查锤头是否有松动。

3. 钳口形状必须与坯料断面形状、尺寸相符，以便夹牢，并在下砧铁中央放平、放正、放稳坯料，先轻打后重打。

4. 手钳或其他工具的柄部应靠近身体的侧旁，不许将手指放在钳柄之间，以免伤害身体。

5. 踩踏杆时，脚跟不许悬空，以便稳定地操纵踏杆，保证操作安全。

一、选择

1. 钢等金属材料能进行锻压加工是因为(　　)。

A. 塑性好　　B. 硬度高　　C. 强度大

2. 中碳钢常用锻造温度范围是(　　)。

A. 1220～900℃　　B. 1200～800℃　　C. 800～650℃

3. 训练中你使用的锻坯加热炉是(　　)。

A. 反射炉　　B. 电阻炉　　C. 明火炉

4. 45 钢的常用锻造温度范围是(　　)。

A. 1200～800℃　　B. 1100～900℃　　C. 1100～850℃

5. 普通碳素结构钢，锻后通常采用(　　)。

A. 空冷　　　　B. 坑冷　　　　C. 炉冷

6. 锻造轴类零件，必须采用的基本工序为(　　)。

A. 冲孔　　　　B. 拔长　　　　C. 镦粗

7. 薄板件成形宜采用的生产方法为(　　)。

A. 胎模锻　　　　B. 板料冲压　　　　C. 模锻

二、填空

1. 金属的锻造性能是以＿＿＿＿＿＿＿＿和＿＿＿＿＿＿＿＿来综合衡量的。

2. 锻造加热的目的是＿＿＿＿＿＿＿＿、＿＿＿＿＿＿＿＿＿＿＿＿。

3. 锻造加热，可能产生的缺陷有＿＿＿＿、＿＿＿＿、＿＿＿＿、＿＿＿＿、＿＿＿＿等。

4. 观察火色与温度的关系并填表。

火色	亮 白	淡 黄	橘 黄	樱 红	暗 红	暗 褐
估计温度℃						

5. 锻造后，锻件冷却方式有＿＿＿＿＿＿、＿＿＿＿＿＿＿＿＿＿。

6. 自由锻分为＿＿＿＿＿＿＿＿和＿＿＿＿＿＿＿＿＿＿。

7. 常用自由锻设备有＿＿＿＿＿＿、＿＿＿＿＿＿和＿＿＿＿＿＿＿＿。

8. 自由锻常用的基本工序有＿＿＿＿、＿＿＿＿、＿＿＿＿、＿＿＿＿、＿＿＿＿等。

9. 自由锻镦粗时坯料尺寸要求 H_0/D ＿＿＿＿＿＿，适宜于生产＿＿＿＿＿＿类锻件。

10. 拔长时被拔长部分的坯料尺寸要求 L/B ＿＿＿＿，操作时要求＿＿＿＿，适宜于生产＿＿＿＿＿＿锻件。

11. 冲孔与落料的加工方法相同，落料冲落的部分是＿＿＿＿＿＿，而冲孔冲落的部分是＿＿＿＿＿＿。

12. 冲压生产中常用的变形工序有＿＿＿＿＿＿、＿＿＿＿＿＿、＿＿＿＿＿＿等。

三、判断

1. 锻压指的就是锻造。 (　　)
2. 自由锻适用于单件、小批和大型、重型锻件的生产。 (　　)
3. 空气锤的规格是用其落下部分的重量来表示的。 (　　)
4. 模锻只适用于中、小锻件的大批量生产。 (　　)
5. 切断、落料、冲孔都属于板料冲压的变形工序。 (　　)

四、问答

1. 简述自由锻的特点及应用范围。

2. 简述自由锻的生产过程。

3. 简述模锻的特点及应用范围。

4. 简述冲压的特点及应用范围。

5. 胎膜结构有哪几类？简述胎膜锻的特点是什么。

6. 列举三种日常生活中常见的冲压件。

五、* 填表：齿轮坯锻件自由锻工艺

锻件名称	羊角锤	工艺类别	手工锻
材　料	中碳钢	始锻温度	1200℃
加热次数	2～3 次	终锻温度	800℃

工　件　图	坯　料　图
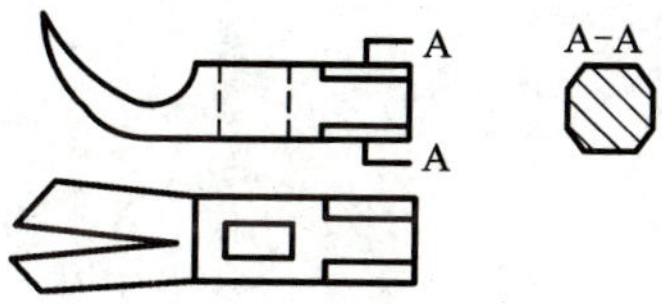	

序号	工序名称	工 序 草 图	工具名称

指导教师签名________________　报告日期__________

实训报告四　焊　　接

班级及学号		姓名		成绩	

目的和要求

1. 了解焊接的工艺过程、特点与应用。

2. 了解焊条电弧焊和气焊所用设备及工具的结构、工作原理与使用。

3. 了解焊条的组成及作用，了解酸性焊条和碱性焊条的性能特点，熟悉结构钢焊条的牌号。

4. 熟悉焊条电弧焊焊接工艺参数及其对焊接质量的影响，了解常见的焊接接头形式、坡口、焊接空间位置等；能用焊条电弧焊方法独立完成焊接操作(引弧、运条、收尾)。

5. 熟悉气焊焊接过程特点、气焊火焰种类、调节方法和应用；熟悉气割原理、切割过程及金属切割条件。

6. 了解其他常用焊接方法的特点和应用。

7. 了解熔焊的常见缺陷及其产生的原因。

8. 了解焊接生产安全技术及简单经济分析。

焊接实践安全技术

1. 焊条电弧焊的安全操作：

(1)防止触电。操作前应检查焊机是否接地，焊钳、电缆和绝缘鞋是否绝缘良好，不准赤手接触导电部分等。

(2)防止弧光伤害和烫伤。焊接时，必须戴好手套、面罩、护脚套等防护用品，不得用眼直接观察电弧。焊件焊完后，应用手钳夹持，不准直接用手拿。除渣时，应防止被焊渣烫伤。

(3)保证设备安全。焊钳严禁放在工作台上，以免短路烧坏焊机。发现焊机或线路发热烫手时，应立即停止工作。焊接现场不得堆放易燃易爆物品。

2. 气焊及气割的安全操作：

(1)操作前，应戴好防护眼镜和手套。

(2)点火前，应检查气路各连接处是否畅通，有无堵塞现象。如有堵塞，应排除堵塞。

(3)氧气瓶及各个气路部分均不得沾染油脂，以防燃烧爆炸。

(4)严格按规定程序进行点火及关闭气焊设备操作。

(5)如发生回火现象，应立即关闭乙炔阀，然后关闭氧气阀；待回火熄灭后，将焊嘴用水冷却，然后打开氧气阀，吹去焊炬内的烟灰后，再重新点火使用。

一、填空

1. 你实训中所用的电焊机名称是________，型号为______，其初级电压为______V，空载电压为____V，额定电流为____A，电流调节范围为____A。

2. 你实训中所用的电焊条牌号是________________，焊条直径为____mm，焊接电流____A。

3. 直流电焊时，焊较薄的工件应采用___________接法，焊较厚的工件应采用__________接法。

4. 焊接是将两块分离的金属材料，通过局部加热或加__________，或两者并用________，并且用或不用________________________________材料，使其连接成为一个整体的加工方法。

5. 按焊接工艺特点，焊接方法可分为______________、______________、_____________三大类。

6. 焊条电弧焊工艺参数包括__________、__________、__________、______________________等。

7. 按所给的焊条电弧焊工作示意图填表。

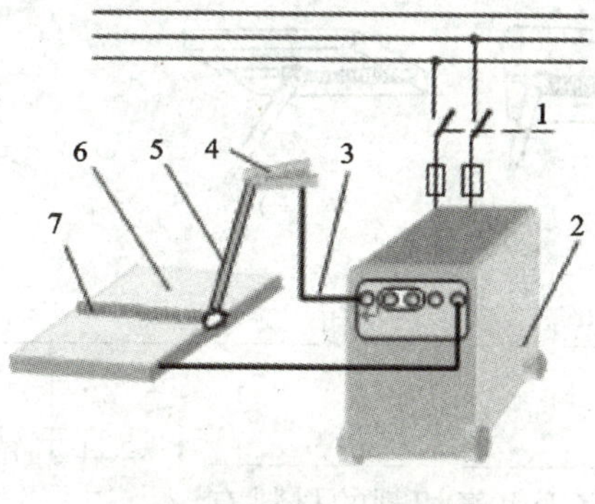

焊条电弧焊工作示意图

序号	名 称
1	
2	
3	
4	
5	
6	
7	

8. 按用直流焊机进行焊接的接法，填空。

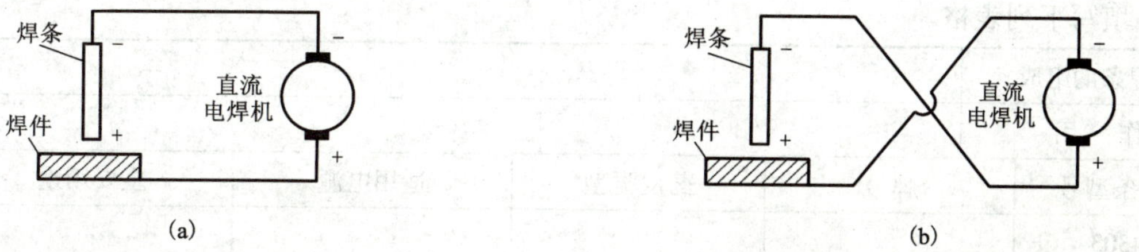

(1) 图(a)为____接法。
图(b)为____接法。

(2) 焊接厚板时，常采用直流________。
焊接薄板时，常采用直流________。

9*. 对接接头的坡口形式填空。

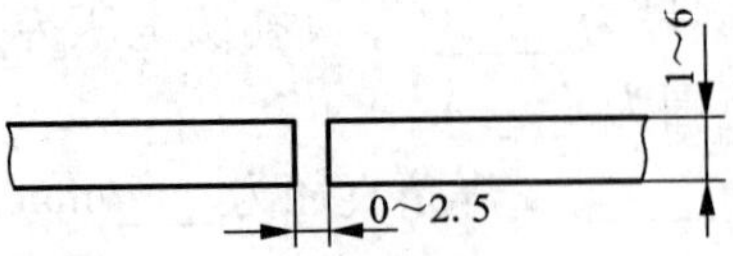

(　　)

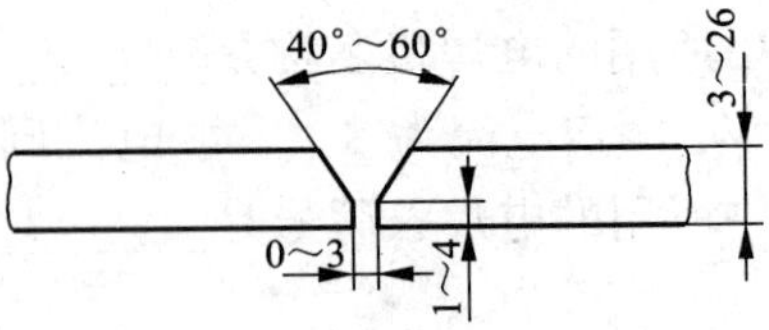

(　　)

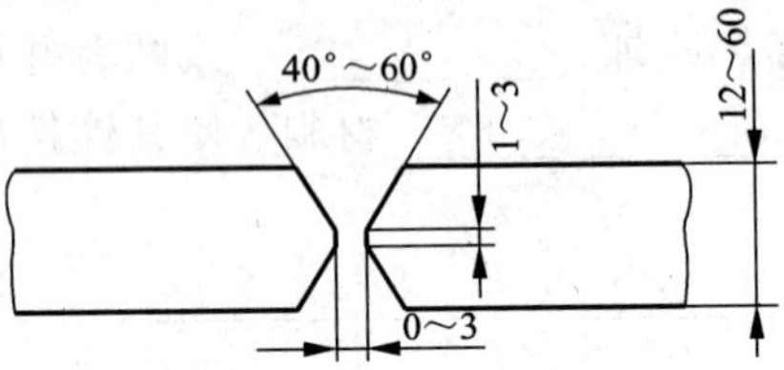

(　　)

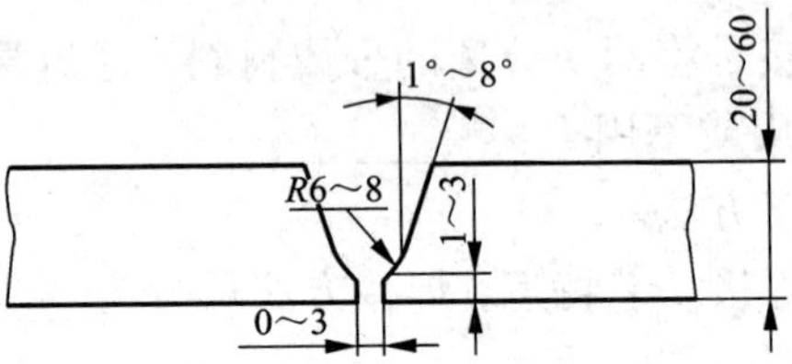

(　　)

10*. 焊接位置填空。

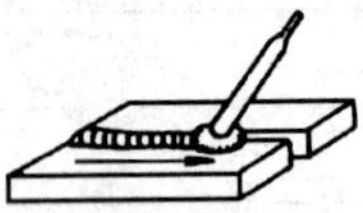

(　　)

(　　)

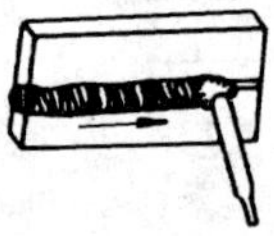

(　　)

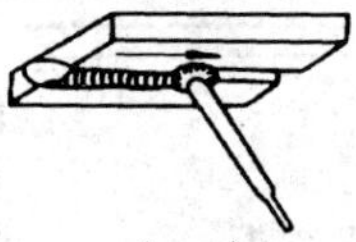

(　　)

11. 氧气切割需经过________、________和________等三个阶段。

12. 氧气切割对材料的要求是________、________、________；适宜于氧气切割的材料有________、________和________，不宜于氧气切割的材料有________、________、________等。

13. 切割方法有________、________和________等。

14. 填写下列表格。

电焊条的组成		
作　用		

电焊条型号	牌号	药皮类型	适用电源	主要用途
E4303				
E5015				

名称	氧与乙炔混合比	火焰简图	适用范围
氧化焰			
中性焰			
碳化焰			

15. 按所给的气焊示意图，填表。

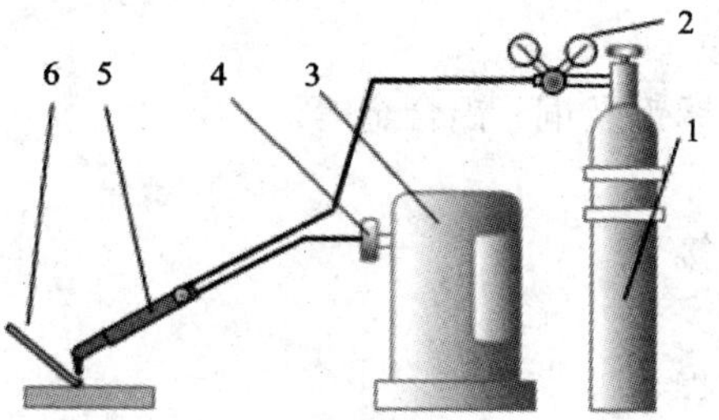

气焊示意图

序号	名 称
1	
2	
3	
4	
5	
6	

二、判断

1. 埋弧自动焊可以对狭窄位置的焊缝及薄板进行焊接。 (　　)
2*. 埋弧自动焊的焊丝和焊剂与电焊条的焊芯和药皮的作用相同。 (　　)
3*. 氩弧焊焊缝表面也有熔渣。 (　　)
4. CO_2 焊的焊缝表面没有熔渣。 (　　)
5. 压力焊焊接时需要填充焊接材料。 (　　)
6. 点焊焊件表面必须清洗，去除氧化膜、泥垢等才能焊接。 (　　)
7. 钎焊不仅可焊接同种金属，而且可焊接异种金属。 (　　)
8. 铜焊是软钎焊，锡焊是硬钎焊。 (　　)
9. 因为气焊的火焰温度比电弧焊低，故焊接变形小。 (　　)
10. 手弧焊机的空载输出电压一般为 220 V 或是 380 V。 (　　)
11. 焊条接直流弧焊机的负极，称为正接。 (　　)
12*. 点焊及缝焊都属于电弧焊。 (　　)
13*. 焊接不锈钢件只能用氩弧焊。 (　　)
14. 压力焊只需加压，不必加热。 (　　)
15. 坡口的主要作用是为了保证焊透。 (　　)
16*. 气割时，首先应将切割件待切割处的金属预热到熔点。 (　　)

三、选择

1. 焊条电弧焊时，正常的电弧长度为(　　)。
A. 等于焊条直径　B. 大于焊条直径　C. 小于焊条直径

2. 影响焊缝宽度的重要因素是(　　)。

A. 焊接速度　　　　B. 焊接电流　　　　C. 焊条直径

3. 酸性焊条被广泛应用的原因是(　　)。

A. 焊缝含氢量少　　B. 焊接工艺性好　　C. 焊缝抗裂性好

4. 下列材料不能进行氧－乙炔气割的是(　　)。

A. Q235　　　　B. HT200　　　　C. 20 钢

5. 埋弧自动焊适用于(　　)。

A. 平焊　　　　B. 立焊　　　　C. 仰焊

6. 氩弧焊因价格贵，主要用于焊接的金属材料是(　　)。

A. 碳素结构钢　　B. 合金工具钢　　C. 不锈钢及铜、铝合金等。

7. 点焊的焊接接头形式常采用(　　)。

A. 对接　　　　B. 搭接　　　　C. 角接

8. 大批量生产汽车油箱、小型容器应采用(　　)。

A. 点焊　　　　B. 缝焊　　　　C. 对焊

四、问答

1. 引弧方法有哪几种？如何正确引弧？

2. 训练时，若出现焊条黏住焊件或焊条与焊件多次接触仍不能引弧，各应如何处理？

3. 你在工程训练中接触到哪些焊接方法？

4*. 如果采用一根其前半部分有药皮而后半部分无药皮的焊条进行焊接时，焊缝的质量有何变化(试验一次)？为什么？

5. 手工电弧焊选择焊条直径和焊接电流的依据是什么？

6. 常见的焊接缺陷有哪些？常用的焊接质量检验方法有哪些？

7*. 试比较焊条电弧焊、氩弧焊及气焊在焊缝保护措施、焊接材料和应用范围上的主要区别。

指导教师签名________________ 报告日期__________

实训报告五　车削加工

班级及学号		姓名		成绩	

目的和要求

1. 了解车削加工的工艺特点及加工范围。
2. 了解车床的型号、结构、传动，并能正确操作车床。
3. 了解常用车刀的组成、主要角度及其作用、常用刀具材料。
4. 能正确使用常用的刀具、量具及夹具。
5. 掌握车外圆、车端面、钻孔和镗孔、切槽和切断、车成形面、车螺纹等车削方法。
6. 能独立加工一般的零件，具有一定的操作技能和车工工艺知识。
7. 了解车削加工安全技术。

车削加工实践安全技术

1. 穿戴合适的工作服，女同学务必将长发压入帽内，严禁戴手套操作。
2. 开车前要认真检查机床运动部位，电气开关是否在安全可靠位置。
3. 工件和刀具装夹要牢固可靠，床面上不准放工、夹、量具及其他物件。
4. 工作时，头不可离工件太近，以防飞屑伤眼，必要时需戴防护眼镜。
5. 车床开动时，不得测量工件，不得用手触摸工件，不得用手直接清除切屑，停车时不得用手去刹住转动的卡盘。禁止开车变换主轴转速。
6. 自动横向或纵向进给时，严禁床鞍或中滑板超过极限位置，以防滑板脱落或撞击卡盘而发生人身设备事故。
7. 工作结束后，关闭电源、清除切屑、清洁机床、加油润滑，保持工作环境整洁，做到文明实践。

一、填空

1. 在普通车床上可以完成____________、____________、____________、______________、____________、____________、____________等工作。

2. 在下图中填出车床各部分名称。

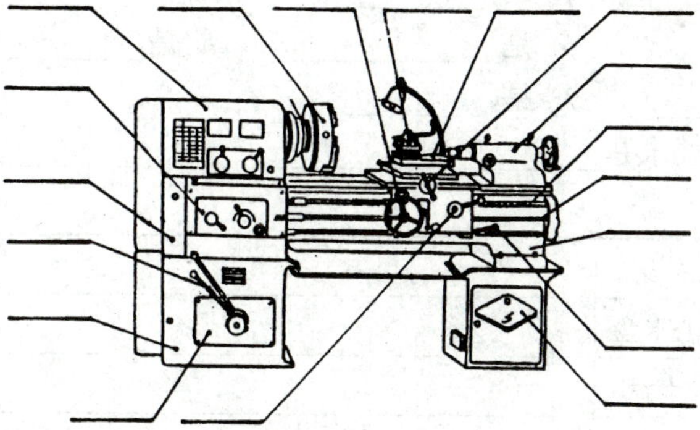

C6132 车床外观简图

3. 说明下图中各刀具的名称、用途和切削部分的材料。

名称__________
用途__________
材料__________

名称__________
用途__________
材料__________

名称__________
用途__________
材料__________

名称__________
用途__________
材料__________

名称__________
用途__________
材料__________

名称__________
用途__________
材料__________

4. 标出图 1 外圆车刀刀头的各部分名称。

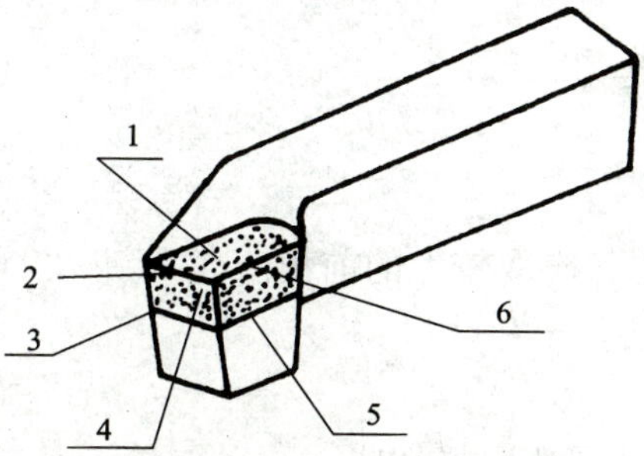

图 1

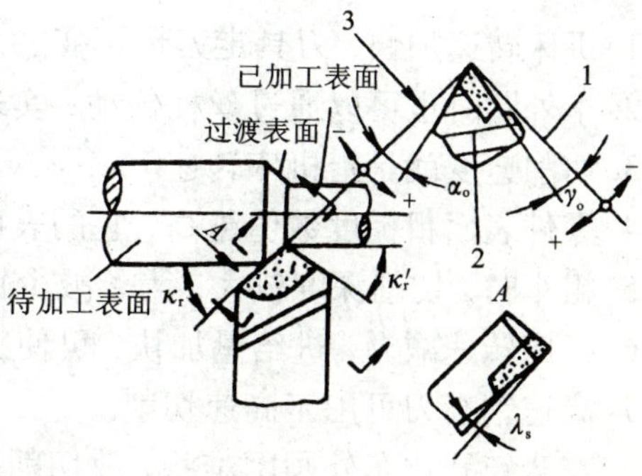

图 2

5. 图 2 填空。

(1) 面是__________ γ_0 是__________ K_r 是__________

(2) 面是__________ α_0 是__________ K_r'是__________

(3) 面是__________ λ_s 是__________

6. 正确安装车刀的要求是________________、________________。

7. 填写下列表格。

	名 称		用 途
常用工件装夹方法	卡盘	三爪自定心卡盘	
		四爪单动卡盘	
	花 盘		
	顶 尖		
	心 轴		
常用附件	中心架		
	跟刀架		

8. 车床的主运动是____________；进给运动有____________。

9. 车床的切削用量是指____、____、____。其符号和单位分别为____、____、____。

10. 车削加工的尺寸精度较宽，一般可达________，表面粗糙度 Ra（轮廓算术平均高度）数值范围一般是________。

11. 粗车就是尽快切去毛坯上的大部分________，但得留有一定的________余量。粗车的切削用量较大，故粗车刀要有足够的____________，以便能承受较大的____________。

12. 零件的机械加工质量包括：(1) 加工精度：又分为__________精度、__________精度和__________精度。(2)________________度，即被加工表面的微观几何形状误差。

二、判断

1. 机床转速加快，刀具走刀量不变。（ ）
2. 车外圆时也可以通过丝杠传动，实现纵向自动走刀。（ ）
3. 切削速度就是指机床转速。（ ）
4. 零件表面粗糙度数值越高，它的表面越粗糙。（ ）
5. 粗车时，切削深度较大，为了减少切削阻力，车刀应取较大的前角。（ ）
6. 机床转速减慢，进给量加快，可使工件表面光洁。（ ）
7. 高速钢车刀可用于高速切削。（ ）
8. 车床镗孔比车外圆困难些，故切削用量要比车外圆选取得小些。（ ）
9. 车锥角 60° 的圆锥表面，应将小拖板转过 60°。（ ）
10. 主轴箱的作用是把电动机的转动传递给主轴，以带动工件作旋转运动。改变其控制

手柄位置，可使主轴获得多种转速。（　）

11. 切削加工时，由于机床不同，主运动也不同。主运动可以是一个或几个。（　）

12. 加工余量的分配与工序性质有关。一般粗加工时余量大，精加工时余量小。（　）

13. 工件的表面粗糙度是切削过程中的振动、刀刃或磨粒摩擦留下的加工痕迹。（　）

14. 在车床上镗孔，若刀杆细长，则容易出现锥形误差。（　）

15. 偏移尾座法既能车外锥面又能车内锥面。（　）

16. 45°弯头刀既能车外圆又能车端面。（　）

17. 右偏刀只能车外圆，不能车端面。（　）

18. 镗孔只能在钻孔的基础上进行，不能对已铸的或已锻出的孔进行加工。（　）

19. 在同样的切削条件下，进给量 f 越小，则表面粗糙度 Ra 越大。（　）

20. 精车时进行试切，其目的是为了保证表面的形状精度。（　）

21. 车削螺纹时，当车床纵向丝杠螺距能被工件螺距整除时，则多次打开对合螺母，摇回大拖板，也不会造成“乱扣”现象。（　）

三、问答

1. 解释 C6132 的含义。

2. 指出下图刀架各部分的名称。

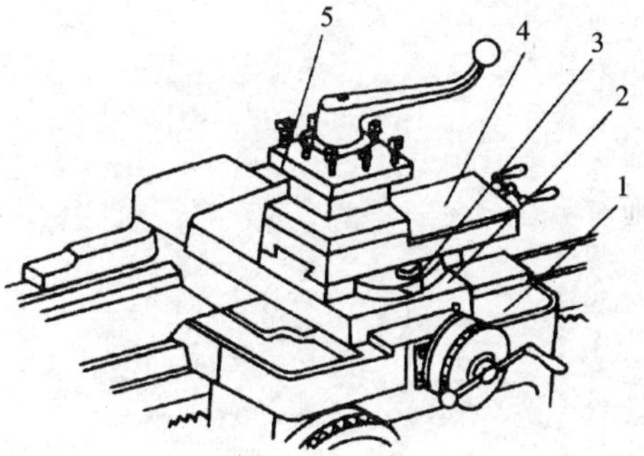

序号	名　称
1	
2	
3	
4	
5	

3. 车削时为什么要先开车后进刀，先退刀后关车？

4. 车削时为什么一般要先车端面？在车床上钻孔前为什么也要先车端面？

5. 列举两种减小工件表面粗糙度的措施。

6*. 车削时，当刻度盘多进了 3 格，直接退回 3 格，是否可以？为什么？正确的做法是什么？

7*. 车削细长轴时，列举两种防止产生腰鼓形的措施。

四*、填表：轴杆类零件车削工艺

零件图（组合手锤柄）			工艺说明
	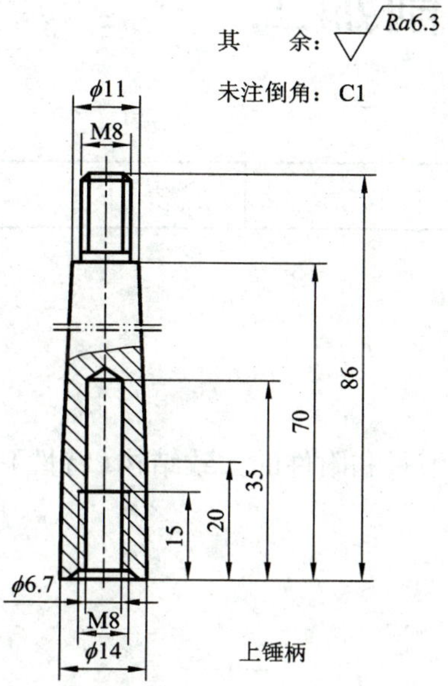 上锤柄	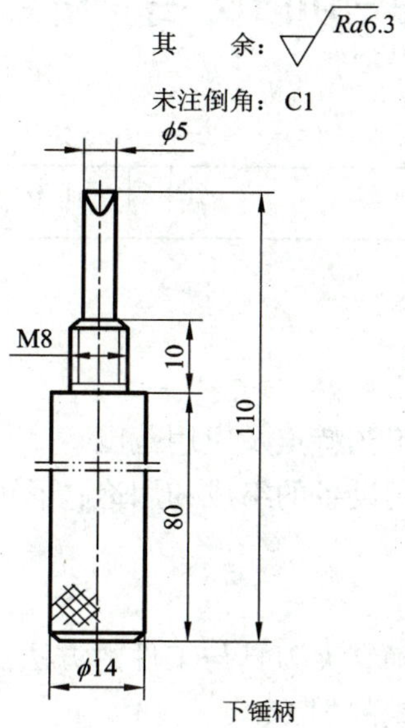 下锤柄	材料：45 重量：0.16 kg 下料尺寸： 上锤柄：416×90 下锤柄：416×95 技术要求： 表面热处理发黑

加工内容	加工方法及工艺简图	刀具	备注
车台阶外圆柱面			
车上锤柄圆锥面			
孔加工			
螺纹加工			
下锤柄滚花			

指导教师签名__________ 报告日期__________

实训报告六　铣削加工

班级及学号		姓名		成绩	

目的和要求

1. 了解铣削加工的工艺特点及应用范围。

2. 了解铣削加工常用设备的组成和用途；了解常用刀具和附件的大致结构(特性)、选择和使用方法。

3. 熟悉铣削加工方法。

4. 掌握在机床上正确装夹刀具与工件的方法。

5. 完成简单零件的铣削加工。

6. 能对简单零件进行初步的加工工艺分析。

7. 了解铣削加工安全技术，并能进行简单经济分析。

铣削加工实践安全技术

1. 工作时要穿好工作服，长头发压入帽内，不得戴手套操作机床，以防发生人身事故。

2. 多人共用一台机床时，只能一人操作，严禁两人同时操作，学生应站在安全位置以防意外，注意他人的安全。

3. 开动机床前必须检查手柄位置是否正确，机床运行是否正常。

4. 工件、刀具和夹具都必须装夹牢固后才能工作。

5. 加工过程中不能离开机床，不能测量正在加工的工件或用手去摸工件，不能用手去清除切屑，应用刷子进行清除。

6. 学生操纵机床切削用量不宜过大；严禁开车时变换切削用量，以免发生设备和人身事故。

7. 发现机床运转有不正常现象应立即停车，关闭开关，报告指导教师。

8. 工作结束后，关闭电源，清除切屑，擦拭机床、工具、量具和其他辅具，加油润滑，清扫地面，保持良好的工作环境。

一、判断

1. 铣削时铣刀作直线运动，工件作旋转运动。　(　　)

2. 铣削过程中，决不允许扳动各变速手柄。　(　　)

3. 铣削前，必须在停机状态下进行对刀。　(　　)

4. 卧式铣床主轴的中心线与工作台面垂直。 ( )
5. 万能铣床表示该铣床既能完成立铣又能完成卧铣加工工作的铣床。 ( )
6. 端铣刀在立式铣床或卧式铣床上均能使用。 ( )
7. 铣刀结构形状不同，但其装夹方法相同。 ( )
8. 铣削直角槽，可用立铣刀，也可用三面刃铣刀。 ( )
9. T 形槽可以用 T 形槽铣刀直接加工出来。 ( )
10. 万能铣床表示立铣和卧铣能加工的，它都能完成。 ( )
11*. 精铣时一般选用较高的切削速度，较小的进给量和切削深度。 ( )
12*. 在板块状工件上铣直槽，一般用三面刃铣刀。 ( )
13. 键槽铣刀只有两个螺旋槽。 ( )
14*. 在卧式铣床上装上万能铣头，可用立铣刀铣斜面。 ( )
15*. 轴上的平键槽，一般在立铣床上用键槽铣刀加工。 ( )

二、填空

1. 根据铣刀的安装方法分为____________铣刀和____________铣刀两大类。

2. 铣床上工件常用的安装方法有________、________、________等。

3. 铣削要素包括________、________、________、________。

4. 铣削加工可达到的尺寸公差等级一般为__________，表面粗糙度 Ra 为________。

5. 填写下图卧式铣床的各部分名称。

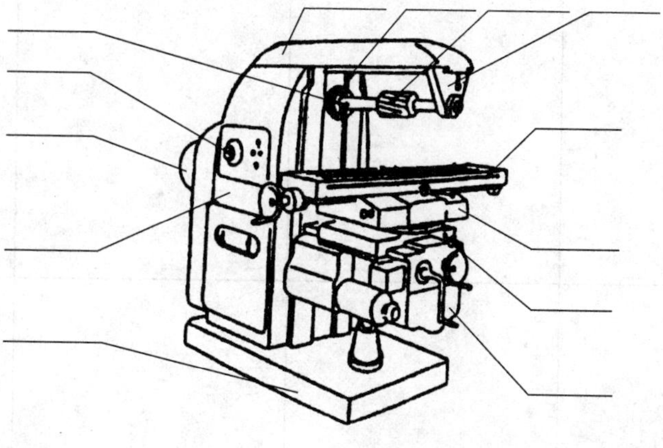

6. 铣床的附件主要有：

(1)________，其作用是____________________。

(2)________，其作用是____________________。

(3)________，其作用是____________________。

7. 齿形加工的成形法有________________、________________________________等。

8. 齿形加工的展成法有________________、________________、________________等。

9*. 滚齿有________________、________________、________________三个运动。

10. 铣削是一种__________生产率的平面加工方法，它常常用来加工各种__________、__________和__________。

11. 铣键槽，一般单件生产在________________铣床上加工，用________________装夹工件。

12. 在卧铣上用镶齿端铣刀铣削水平面，应选用____________________________。

13. 在立铣上用立铣刀铣削半圆弧直槽，应选用____________________________。

14. 在铣削工件上非整圆弧表面时，常采用的附件是________________，它是靠________________进行传动和分度的。

15*. 铣床的铣削用量的四要素是________、__________、__________和________，其中______________对铣刀耐用度影响最大。

16*. 填表：常见的铣削加工类型

简图	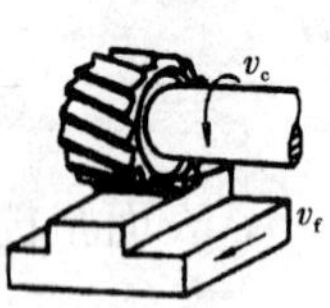	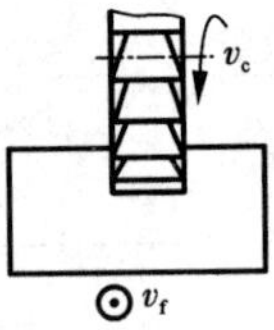	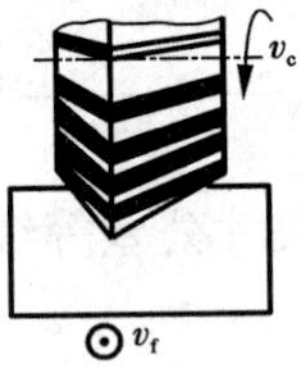	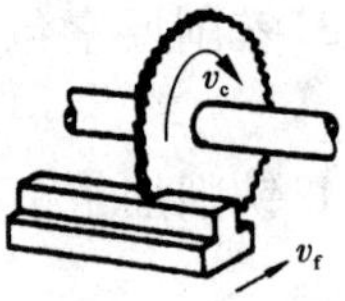
加工内容				
铣刀类型				

简图	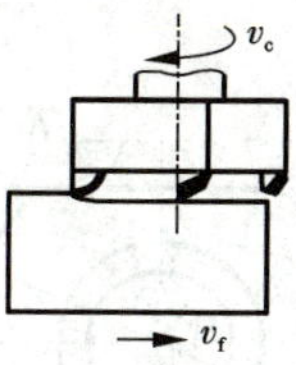	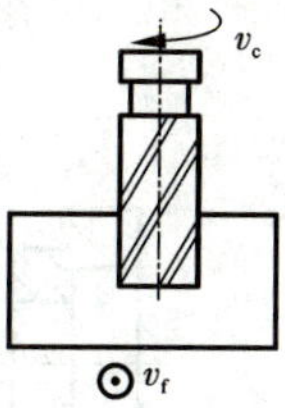	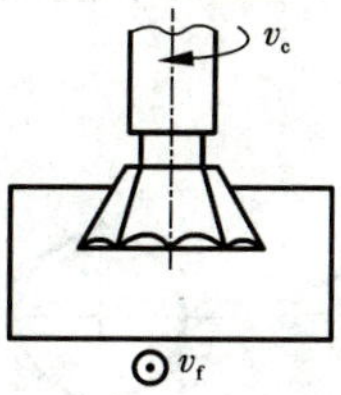	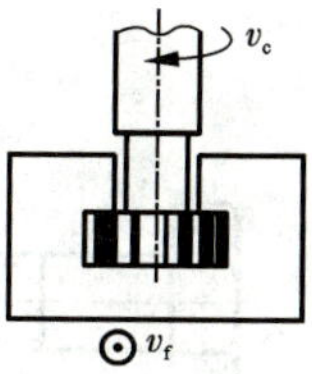
加工内容				
铣刀类型				

三、问答

1. 带孔铣刀应怎样安装？简述安装带孔铣刀的注意事项。

2. 加工下列零件时，分度头手柄的转数是多少？

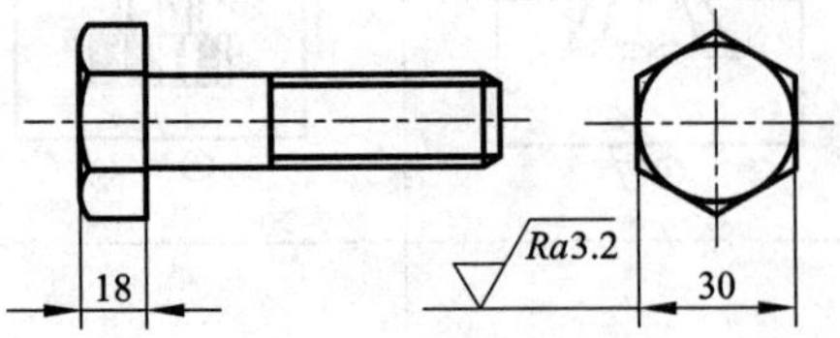

(a)铣六角头

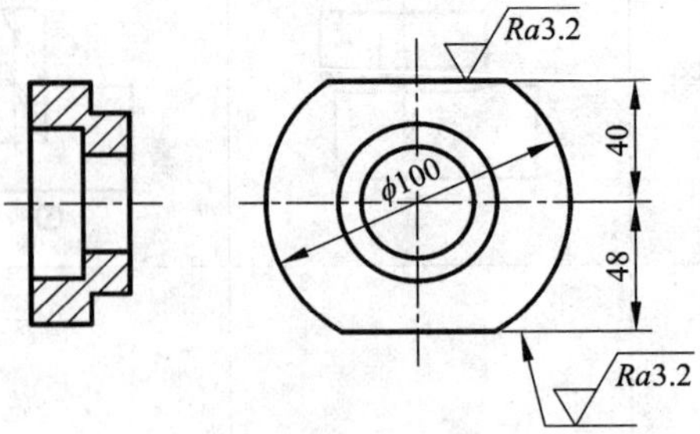

(b)铣两个扁平面

3. 为什么用展成法加工齿轮齿形时，只要模数和压力角相同，同一把齿轮刀具可精确加工不同齿数的齿轮，而成形法则不能？

4. 试述滚齿和插齿的加工范围。

四、*综合

填表：直齿圆柱齿轮齿形的加工。

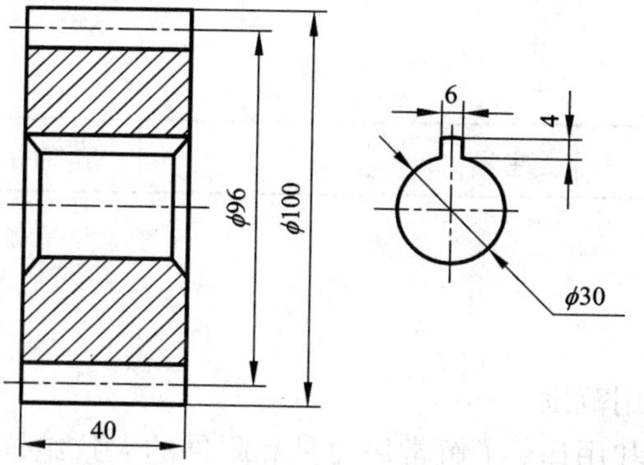

零件图	齿轮参数：模数 $m=2$　压力角 $\alpha=20^\circ$ 齿数 $z=48$　公法线长度 $w=35$ 全齿高 $h=4.5$	工艺说明	毛坯材料和尺寸： 齿坯加工方法： 齿形加工方法：

加　工　步　骤

序号	加工内容	工艺简图	备注

指导教师签名＿＿＿＿＿＿＿＿　报告日期＿＿＿＿＿＿

实训报告七　刨削加工

班级及学号		姓名		成绩	

目的和要求

1. 了解刨削加工的工艺特点及应用范围。

2. 了解刨削加工常用设备的组成和用途；了解常用刀具和附件的大致结构（特性）、选择和使用方法。

3. 了解刨削和常用齿形等加工方法。

4. 掌握在机床上正确装夹刀具与工件的方法。

5. 完成简单零件的刨削加工。

6. 能对简单零件进行初步的加工工艺分析。

7. 了解刨削加工安全技术，并能进行简单经济分析。

刨削加工实践安全技术

1. 工作时要穿好工作服，长头发压入帽内，不得戴手套操作机床，以防发生人身事故。

2. 多人共用一台机床时，只能一人操作，严禁两人同时操作，学生应站在安全位置以防意外，注意他人的安全。

3. 开动机床前必须检查手柄位置是否正确，机床运行是否正常。

4. 工件、刀具和夹具都必须装夹牢固后才能工作。

5. 加工过程中不能离开机床，不能测量正在加工的工件或用手去摸工件，不能用手去清除切屑，应用刷子进行清除。

6. 学生操纵机床切削用量不宜过大；严禁开车时变换切削用量，以免发生设备和人身事故。

7. 发现机床运转有不正常现象应立即停车，关闭开关，报告指导教师。

8. 工作结束后，关闭电源，清除切屑，擦拭机床、工具、量具和其他辅具，加油润滑，清扫地面，保持良好的工作环境。

一、填空

1. 实训所用牛头刨床型号为________，其后两位数字的含义是__________，其主运动是____________，进给运动是____________。龙门刨床主运动是________________，进给运动是__________________。

2. 插床的主运动是______，进给运动有三种______，_______即______、____和____，插床主要用于加工工件的______________、________、________、____、____等。

3*. 刨刀刀杆的截面积比车刀大些，通常大______倍。刨刀的前角 γ_0 比车刀小，一般小______。主偏角 κ_r 一般为________。为增加刀尖强度，刃倾角 λ_s 取较大的负值，一般为______________。

4. 牛头刨床可以加工的表面有___________、___________、___________、___________、___________、___________。

5. 刨削的表面粗糙度一般与______________________和______________________等因素有关。

6. 刨削加工的范围是________、___________、__________、__________、__________等。

7*. 在刨床上安装工件的方法主要有_____________、_____________、_____________等三种。

8*. 牛头刨床的主运动是_______________________，进给运动是_______________________。

9. 按刨床类机床的分类填表：

机床类别	切削运动		应用范围
	主运动	进给运动	
牛头刨床			
龙门刨床			
插　　床			

10. 根据下图所示 B6050B 牛头刨床外观图填表。

序号	名　称	功　　能
1		
2		
3		
4		
5		
6		
7		

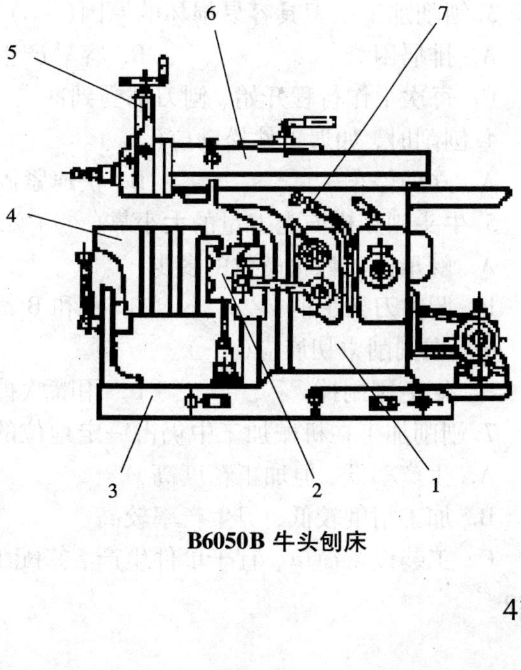

B6050B 牛头刨床

二、判断

1. 牛头刨床只能加工平面，不能加工曲面。　　(　　)

2. 龙门刨床加工时，和牛头刨床一样，刨刀的运动是主运动。　　(　　)

3. 刨削加工是一种高效率、中等精度的加工工艺。　　(　　)

4. 牛头刨床滑枕工作行程和返回行程长度一样，所以刨刀的工作行程速度和返回行程速度相等。　　(　　)

5. 刨削要求四个面相互垂直的矩形工件时，可任意选择刨削顺序。　　(　　)

6*. 刨刀的垂直进刀可以用刀架手轮进行，也可以用工作台的上升来进行。　　(　　)

7*. 刨垂直面和斜面时，刀架转盘位置必须对准零线。　　(　　)

8. 刨刀常做成弯头，其目的是为了增大刀杆强度。　　(　　)

9. 加工塑性材料时刨刀的前角应比加工脆性材料的前角大。　　(　　)

10. 刨削加工一般不使用冷却液，因为刨削是断续切削，而且切削速度又低。　　(　　)

11. 插床也是利用工件和刀具做相对直线往复运动来切削加工的，它又称为立式刨床。　　(　　)

12*. 刨削加工常用在大批、大量的生产类型中。　　(　　)

13*. 现在在很多应用场合，铣床常被用来代替刨床加工。　　(　　)

三、选择

1. 在牛头刨床上粗刨时，一般采用(　　)。

A. 较高的刨削速度，较小的切削深度和进给量

B. 较低的刨削速度，较大的切削深度和进给量

C. A 和 B 都可以

2. 在刨削内斜面时(　　)。

A. 刀架刻度应对零　　B. 刀架应按要求扳转角度　　C. 在工件下垫斜块

3. 刨削加工中刀具容易损坏的原因(　　)。

A. 排屑困难　　B. 容易产生积屑瘤

C. 每次工作行程开始，刨刀都受到冲击

4. 刨削时，如遇工件松动应(　　)。

A. 立即停车　　B. 快速紧固工件　　C. 退刀

5. 牛头刨床横向走刀量的大小靠(　　)实现。

A. 棘爪拨动棘轮齿数的多少

B. 调整刀架手柄　　C. A 和 B 都可以

6*. 在刨削中切屑应(　　)。

A. 用毛刷刷掉　　B. 用嘴吹掉　　C. 用手拿掉

7. 刨削加工在机械加工中仍占一定地位的原因是(　　)。

A. 生产率低，但加工精度高

B. 加工精度较低，但生产率较高

C. 工装设备简单，宜于单件生产、修配工作

D. 加工范围广泛

8*. 刨刀与车刀相比，其主要的差别是(　　)。

A. 刀头几何形状不同　　B. 刀头的几何参数不同

C. 刀杆的横截面积比车刀的大

9*. 刨削加工中刀具容易损坏的原因是(　　)。

A. 每次工作行程开始，刀具都要受到冲击

B. 排屑困难　　C. 切削温度高

四、问答

1. 简述牛头刨床刨削前须进行哪些调整。

2. 为什么滑枕的回程速度比工作行程速度快？

五、综合

1. 牛头刨床上加工如图所示工件上的斜面时，刀架各应偏转多少度？

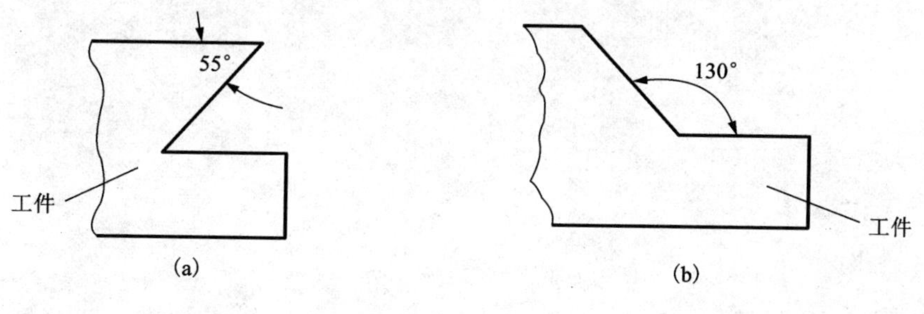

2. 根据图示写出刨床各组成部分的名称，并简要说明其作用。

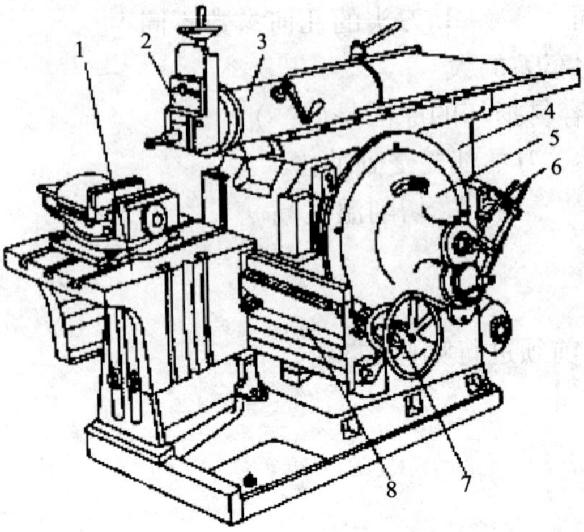

序号	名称	主要作用
1		
2		
3		
4		
5		
6		
7		
8		

3*. 填表：刨正六面体。

<table>
<tr><td rowspan="3">零件图</td><td rowspan="3">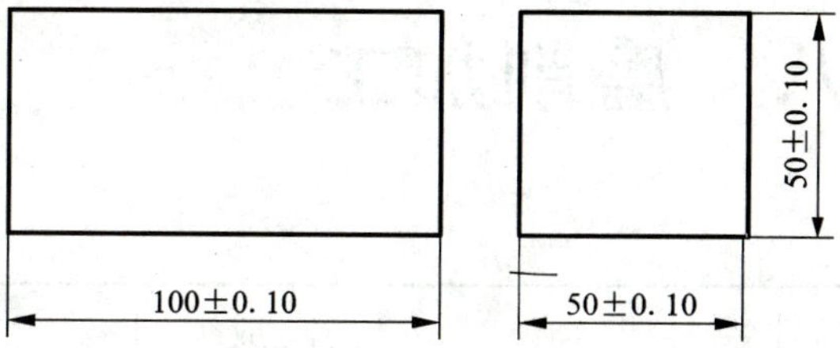
</td><td rowspan="3">工艺说明</td><td>毛坯材料和尺寸：</td></tr>
<tr><td>安装方法：</td></tr>
<tr><td>其他：</td></tr>
</table>

加工步骤

序号	加工内容	工艺简图	备注

指导教师签名________________ 报告日期__________

实训报告八　磨削加工

班级及学号		姓名		成绩	

目的和要求

1. 了解磨削与光整加工的工艺特点及应用范围。

2. 了解磨削与光整加工常用设备的组成和用途；了解常用砂轮和附件的大致结构（特性）、选择和使用方法。

3. 熟悉磨削与光整加工方法。

4. 掌握在机床上正确装夹刀具与工件的方法。

5. 完成简单零件的磨削与光整加工。

6. 能对简单零件进行初步的加工工艺分析。

7. 了解磨削与光整加工安全技术，并能进行简单经济分析。

磨削加工实践安全技术

1. 工作时要穿好工作服，长头发压入帽内，不得戴手套操作机床，以防发生人身事故。

2. 多人共用一台机床时，只能一人操作，严禁两人同时操作，学生应站在安全位置以防意外，注意他人的安全。

3. 开动机床前必须检查手柄位置是否正确，机床运行是否正常。

4. 工件、刀具和夹具都必须装夹牢固后才能工作。

5. 加工过程中不能离开机床，不能测量正在加工的工件或用手去摸工件，不能用手去清除切屑，应用刷子进行清除。

6. 学生操纵机床切削用量不宜过大；严禁开车时变换切削用量，以免发生设备和人身事故。

7. 发现机床运转有不正常现象应立即停车，关闭开关，报告指导教师。

8. 工作结束后，关闭电源，清除切屑，擦拭机床、工具、量具和其他辅具，加油润滑，清扫地面，保持良好的工作环境。

一、填空

1. 常用的磨床种类主要有______________、__________________、______________等。

2. 平面磨床的磨削运动有______________、______________、______________、______________。

3. 填出图示平面磨床各部分名称。

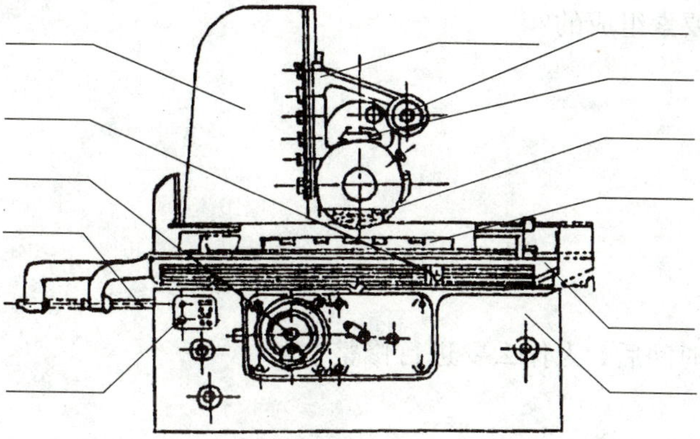

4. 砂轮的硬度是指＿＿＿＿＿＿＿＿＿＿＿＿＿＿＿＿＿＿＿＿＿＿＿＿＿＿＿＿＿＿＿＿＿＿＿＿。

5. 磨削软材料应选择＿＿＿＿＿＿＿＿＿砂轮；磨削硬材料应选择＿＿＿＿＿＿＿＿砂轮。

6. 粗磨时，应选择＿＿＿＿＿＿＿＿＿砂轮；精磨时，应选择＿＿＿＿＿＿＿＿＿砂轮。

7. 填表：常用的磨削加工方式。

简　图	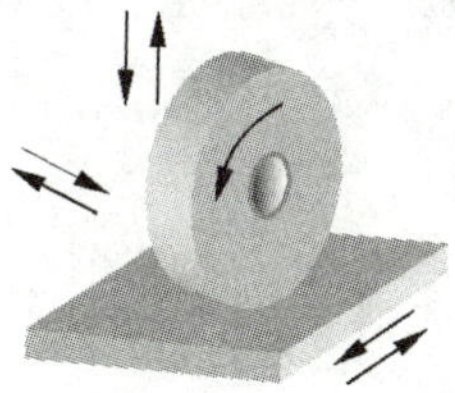	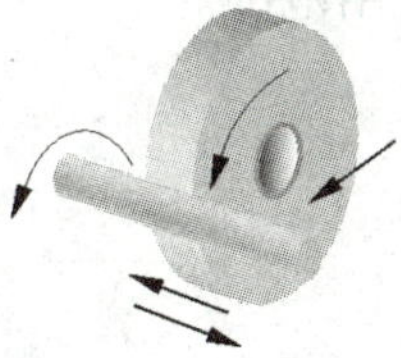	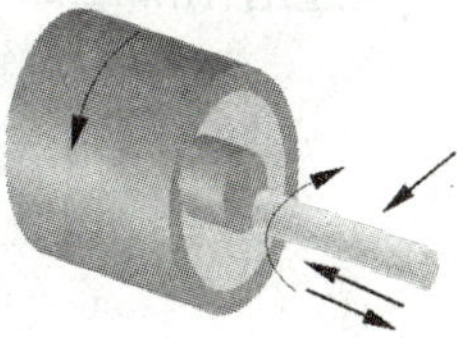
加工类型			
主运动			
进给运动			
工件 装夹方式			

二、问答

1. 砂轮是由哪三要素组成的?

2. 砂轮工作一段时间后，为什么要进行修整?

3. 试述磨削加工的特点和适用范围。

4. 试述平面磨削的常用方法及应用范围。

5. 简述磨削加工技术的发展概况。

6. 光整加工有哪些方法？

三、*综合

填表：平面磨削工艺。

<table>
<tr><td rowspan="3">零件图</td><td rowspan="3">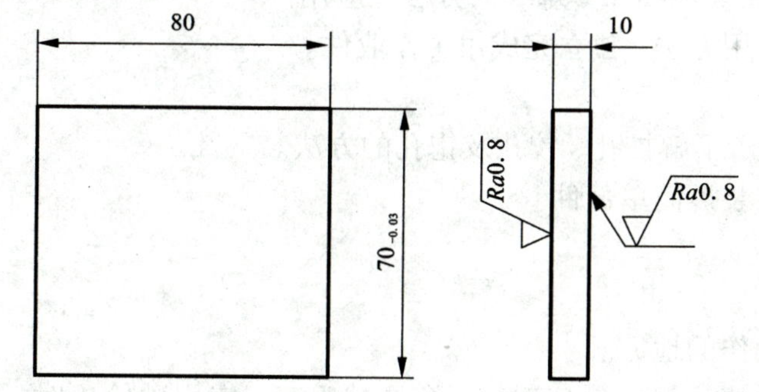
</td><td rowspan="3">工艺说明</td><td>毛坯材料和尺寸：</td></tr>
<tr><td>工件安装方法：</td></tr>
<tr><td>设备名称与砂轮形状：</td></tr>
</table>

加工步骤

序号	加工内容	工艺简图	备注

指导教师签名__________ 报告日期__________

实训报告九　钳　　工

班级及学号		姓名		成绩	

目的和要求

1. 熟悉钳工工作在机械制造及维修中的作用。
2. 掌握划线、锯削、锉削、钻孔、攻螺纹和套螺纹的方法及应用。
3. 掌握钳工常用工具、量具的使用方法，独立完成钳工作业件。
4. 了解刮削、研磨的方法和应用。
5. 了解钻床的组成、运动和用途，了解扩孔、铰孔及锪孔的方法。
6. 了解机械装配的基本知识，能装拆简单部件。

钳工实践安全技术

1. 钳台要放在光线适宜、便于操作的地方。
2. 钻床、砂轮机应安放在场地边缘。操作钻床时，不允许戴手套；使用砂轮机时，要戴防护眼镜，以保证安全。
3. 零件或坯料应平稳整齐地放在规定区域，并避免碰伤已加工表面。
4. 工具安放应整齐，取用方便。不用时，应整齐地收藏于工具箱内，以防损坏。
5. 量具应单独放置和收藏，不要与工件或工具混放，以保持精确度。
6. 清除切屑要用刷子，不要用嘴吹，更不要用手直接去抹、拉切屑，以免划伤。
7. 要经常检查所用的工具和机床是否有损坏，发现有损坏不得使用，须修好后再用。
8. 使用电动工具时，应有绝缘防护和安全接地措施。

一、填空

1. 钳工是______工具对金属进行加工的方法，其基本操作有________、________、________、________、________等及________、________工作。

2. 根据图样要求，在毛坯或工件上划出________________________或________________________叫划线。

3. 划线常用的工具有______________、____________、____________、____________等。

4. 锉刀按用途可分为______________、________________、________________等。

5. 锉刀按其截面形状可分为______________、____________、__________、__________和________等。

6. 锉刀按每 10 mm 长度锉面上的齿数多少可分为________、________、________________等。

7. 填表。

常用的平面锉削方法	适　用　范　围

8. 在钻床上除了能进行钻孔外，还可以进行________、________、________等孔加工。

9. 钻床上钻孔，一般工件固定不动，钻头既作________运动，同时又作________运动。

10. 常用钻床有________、________、________________等。

11. 用丝锥可加工________螺纹，叫做________；用板牙可加工________螺纹，叫做________。

12. 常用的刮刀有________和________；另外还有________和________。

13. 平面刮削按其加工质量不同可分为________、________、________和________。

二、判断

1. 划线是机械加工的重要工序，广泛用于成批和大量生产。（　）

2. 为了使划出的线条清晰，划针应在工件上反复多次划线。（　）

3. 划线可以检查出毛坯尺寸、形状的合格率和合理分配各加工面的加工余量及加工位置。（　）

4. 选择划线基准时，应尽量使划线基准与图纸上的设计基准一致。（　）

5. 正常锯切时，锯条返回仍需加压，但要轻轻拉回，速度要慢。（　）

6. 锯切时，一般手锯往复长度不应小于锯条长度的 2/3。（　）

7. 锉削后，工件表面的粗糙度主要决定于锉削方法。（　）

8*. 锯切操作分起锯、锯切和结束三个阶段，而起锯时，压力要小，往复行程要短，速度要快。（　）

9. 正常锯切时，锯条应以全长进行工作，以提高锯条的使用寿命。（　）

10*. 锉削外圆弧面时，锉刀在向前推进的同时，还应绕工件圆弧中心摆动。（　）

11. 锉削常用双齿纹锉刀，是因为锉削时，每个齿的齿痕不重叠，锉屑易碎裂，工件表面光滑。（　）

12*. 圆形工件和较长的轴类零件都可放在同一只 V 形铁上找出中心或划出中心线。（　）

13*. 工件毛坯是铸件或锻件，可用粗锉直接锉削。（　）

14. 锯切圆管在管壁将被锯穿时，圆管应转一个角度，继续锯切，直至锯断。 ( )

15*. 麻花钻顶角大小应随工件材料的硬度而变化，工件材料越硬，顶角也越大。 ( )

16. 钻头的旋转运动是主运动也是进给运动。 ( )

三、选择

1. 锯削软材料或厚工件时，应选( )；锯削硬材料或薄工件时，应选( )。

A. 粗齿锯条　　B. 中齿锯条　　C. 细齿锯条

2. 安装手锯锯条时，应做到( )。

A. 锯齿向前　　B. 锯齿向后　　C. 锯齿向前或向后均可

3. 手工起锯的适宜角度为( )。

A. 0°　　B. 10° ~15°　　C. 大于或等于 30°

四、问答

1. 划线的作用是什么？

2. 如图所示的零件属于哪类划线？

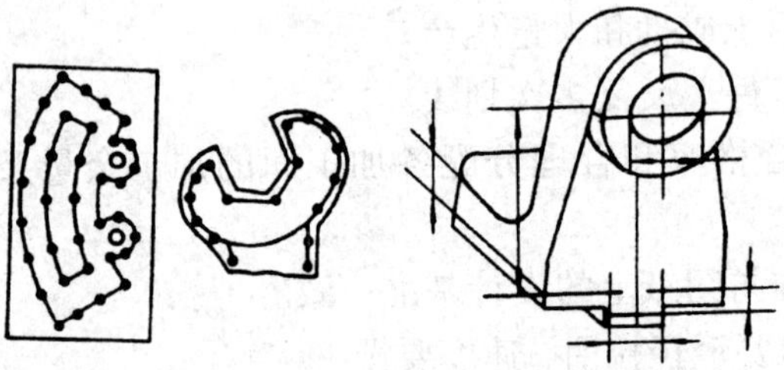

(a)　　(b)

图(a)是 ____________

图(b)是 ____________

3. 划线基准应如何选择？

4. 什么是锯路？锯路的作用是什么？

5. 简述锯齿崩落和锯条折断的原因。

6. 试钻后发现钻偏，用什么方法纠偏？

7. 简述攻螺纹的操作过程。

8*. 简述刮花的作用是什么。

五、训练件拆装总结

1. 拆卸前准备工作：

2. 拆卸中注意事项：

3. 拆卸后如何整理：

4. 装配前准备工作：

5. 装配中注意事项：

六、*填表：直角样板加工工艺

零件图	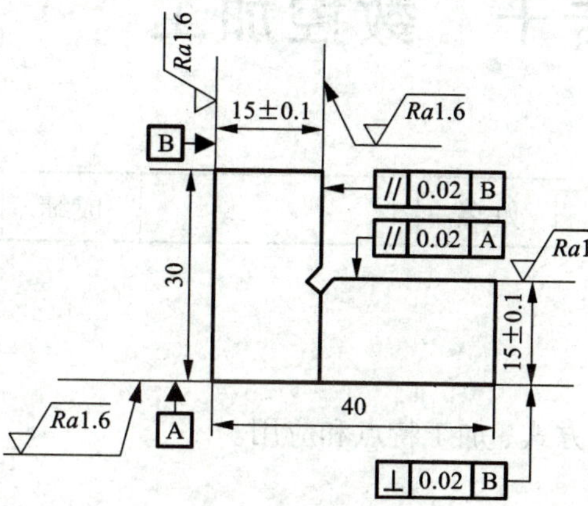	毛坯材料和尺寸：

加　工　步　骤

序号	加工内容	工艺简图	备　注

指导教师签名＿＿＿＿＿＿＿＿　报告日期＿＿＿＿＿

实训报告十　数控加工

班级及学号		姓名		成绩	

目的和要求

1. 熟悉数控机床的组成及运动控制方式、加工特点和应用。

2. 掌握数控编程方法。

3. 掌握数控车、数控铣等机床的操作，编制简单零件程序，完成数控加工。

数控加工实践安全技术

操作数控车、铣床时，除须遵守普通车、铣等操作安全规则外，还须注意：

1. 严格按照设备使用说明和操作规程操作。

2. 对于数控和特种加工，输入程序，应先以图形方式模拟运行，检查轨迹正确性，确认程序正确后方可加工零件。

3. 当加工过程中出现紧急情况时，可执行紧急停止功能，即按下面板急停按钮，此时运动系统电源切断，主轴停转，机床各部件停止移动。检查、分析故障原因，消除故障。通过旋转急停按钮，可解除急停状态。

4. 进行特种加工操作时，要注意防腐蚀、防光辐射和注意电操作安全。

5. 加工结束后，关闭电源，清扫切屑，擦净机床，加润滑油。

一、填空

1. 目前国内常见的数控系统有______________、________________和________________等。

2. 数控机床按伺服系统的控制方式分为__________、___________、__________数控机床。

3. 数控铣床采用______替代了普通铣床的三相异步电动机，从而取消了变速机构，并实现______功能。

4. 请给出数控机床常用功能字的含义：

N____	G____	X____	Y____	Z____	F____	S____	T____	M____

5. 绝对坐标编程中的坐标值表示__________，相对坐标编程中的坐标值表示________________。

6. 数控机床是由________________、________________和________________等几部分组成。

7. 数控装置通常由__________、__________、__________、__________、__________等组成。

8. 数控车床工件坐标系的原点一般选在工件____________、__________或卡爪的____________。

二、判断与改错

1. G02、G03 圆弧插补指令的选用只与圆弧的形状有关，与走刀方向无关。 ( )

2. G00 指令后面必须用 F 指令来指定进给速度。 ( )

3. G71 循环指令适用于任何形状的零件的粗加工循环。 ( )

4. G41 为刀具半径右补偿，G42 为刀具半径左补偿。 ( )

5. 执行程序段 G92 X20 Y60 后，刀具移动到坐标系的点(20，60)处。 ( )

三、选择

1. 下列指令中( )是非模态指令。

A. G00 B. G01 C. G04 D. G02

2. 当加工程序结束回到程序初始状态时，应当采用( )指令。

A. G04 B. M03 C. M00 D. M30

3. 机床运动位置的坐标值是相对于固定的坐标原点给出的，该坐标系称为( )。

A. 机床坐标系 B. 编程坐标系 C. 绝对坐标系 D. 相对坐标系

4. 联动数控铣床中的“三轴”是指主运动轴( )。

A. 有三根 B. 有三个位置 C. 有三个移动方向 D. 有三种进给量

5. 回零操作是为了建立( )。

A. 机床坐标系 B. 编程坐标系 C. 工件坐标系 D. 加工坐标系

6. 机床运动位置的坐标值是相对于前一位置给出的，该坐标系称为( )。

A. 机床坐标系 B. 编程坐标系 C. 绝对坐标系 D. 相对坐标系

7. 数控铣通常采用( )。

A. 手动编程 B. 自动编程 C. 增量编程 D. 绝对编程

8. 用 $\phi 8$ 铣刀加工零件外轮廓时，要求留 0.2 mm 精铣余量，则粗加工刀具偏移量为( )。

A. 4.2 B. 7.8 C. 8.2 D. 8.0

四、问答

1. 简述数控加工的特点。

2. 试述机床坐标系、机床参考点、工件坐标系的概念及其各自的作用。

3. 试述数控车床试切对刀的主要步骤。

4. 试述数控铣床试切对刀的主要步骤。

5. 数控铣削的刀具半径补偿一般在什么情况下使用？如何进行补偿？

6. 试述立铣刀和球头铣刀有何区别及其选用原则。

五、*综合

1. 填表：阶梯轴的数控加工工艺。

零件图		工艺说明	
零件图	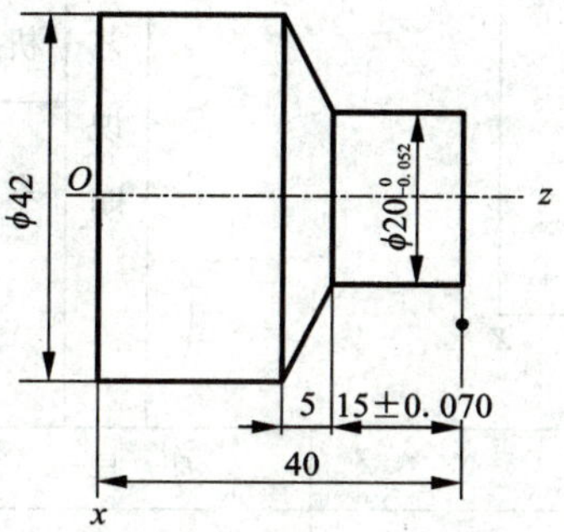	工艺说明	毛坯材料和尺寸： 安装方法： 机床型号： 系统类型：

序号	加工程序	刀具	操作说明

2. 填表：平面轮廓及区域加工。

<table>
<tr><td rowspan="4">零
件
图</td><td rowspan="4">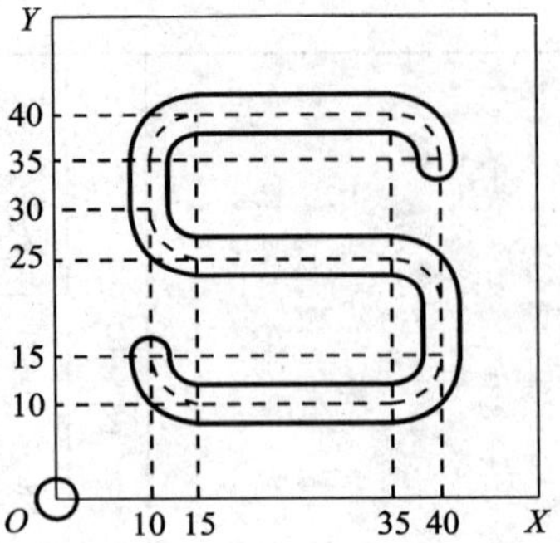
</td><td rowspan="4">工
艺
说
明</td><td>毛坯材料和尺寸：</td></tr>
<tr><td>安装方法：</td></tr>
<tr><td>机床型号：</td></tr>
<tr><td>系统类型：</td></tr>
</table>

序号	加工程序	刀具	操作说明

指导教师签名________________　报告日期____________

实训报告十一　特种加工

班级及学号		姓名		成绩	

目的和要求

1. 了解特种加工的实质、特点和应用；了解特种加工的种类、主要性能。

2. 掌握电火花线切割加工编程技术，完成电火花线切割加工。

特种加工实践安全技术

操作特种加工机床时，除须遵守普通车、铣等操作安全规则外，还须注意：

1. 严格按照设备使用说明和操作规程操作。

2. 对于特种加工，输入程序，应先以图形方式模拟运行，检查轨迹正确性，确认程序正确后方可加工零件。

3. 当加工过程中出现紧急情况时，可执行紧急停止功能，即按下面板急停按钮，此时运动系统电源切断，主轴停转，机床各部件停止移动。检查、分析故障原因，消除故障。通过旋转急停按钮，可解除急停状态。

4. 进行特种加工操作时，要注意防腐蚀、防光辐射和注意电操作安全。

5. 加工结束后，关闭电源，清扫切屑，擦净机床，加润滑油。

一、填空

1. 电火花线切割加工时，应选择好相应的脉冲参数，使工件和铜丝之间的放电必须是____________，而不是________________________。

2. 电火花型腔加工主要用于加工__________、__________、__________、__________等模具的型腔。

3. 脉冲电源的电参数选择是否恰当，对加工工件的__________、__________和__________起着决定的作用。

4. 线切割加工时，在________________________和________________________之间进行脉冲放电。

5. 线切割冷却系统的作用是______________、______________、______________和__________。

6. 线切割加工时，____按规定的程序作复合的进给运动。

7. 线切割机床采用的编程格式一般为____________________，即______________________________。

8. 线切割加工对使用的乳化液有____________________、____________________等特殊要求。

9. 激光加工的设备由______________、______________、______________及机械系统组成。

10. 电解加工是利用____的一种方法。

二、选择

1. 线切割机床的电极与工件之间的加工电流是(　　)。

A. 高频交流　　B. 高频直流　　C. 变频交流

2. 3B 程序编程时需用的参数有四个：切割的起点或终点坐标 x，y 值；切割时的记数长度 j；切割时的(　　)和(　　)。

A. 分隔符 b　　B. 记数方向 G　　C. 坐标原点 O　　D. 加工指令

3. 数控线切割加工冲模时，调整不同间隙补偿量，通过(　　)次编程，可加工出凹模、凸模和卸料板。

A. 1　　B. 2　　C. 3

三、判断

1. 一般情况下，电火花加工也可以加工不导电的工件。(　　)

2. 电火花加工过程是连续进行的。(　　)

3. 电火花加工时，工件与电极不接触，因而加工时“无切削力”。(　　)

4. 电火花加工和电解加工一样，必须在绝缘的工作液中进行。(　　)

四、问答

1. 什么叫做特种加工？它与传统的切削加工有何区别？

2. 电火花成型加工的应用范围有哪些？

3. 线切割加工参数中脉冲宽度、峰值电流和进给速度对加工质量有哪些影响？

4. 数控线切割除具有电火花加工的特点外，还具有哪些特点？

5. 试述线切割加工的应用范围。

6. 电解加工的应用范围有哪些？

7. 激光加工的工艺特点是什么？

五、*综合

填表：线切割加工工艺。

零件图	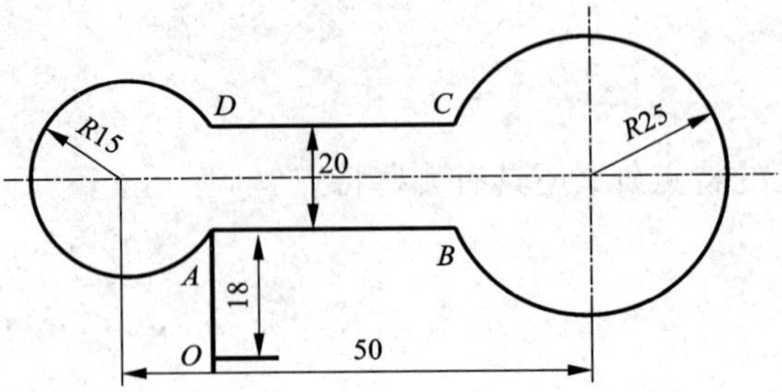	工艺说明	毛坯材料和尺寸： 安装方法： 机床型号： 其他：

序号	加工内容	按 3B 格式编制加工程序	备注

指导教师签名＿＿＿＿＿＿＿＿　报告日期＿＿＿＿＿

工程训练小结

专业：________________________________ 班级：______________

学号：______________ 姓名：______________ 实习日期：______________

1. 实习收获及体会(思想作风、操作技能、分析问题和解决问题能力等)：

2. 你最感兴趣的工种：

3. 给你印象最深的指导教师(从教学方法、态度、效果、责任感等方面)：

4. 你对工程实践安排的要求和建议：

机械制造工程训练考试样卷一

一、名词解释

1. 淬火
2. 铸件
3. 划线基准
4. 逆铣

二、判断题

1. 正常锯切时，锯条返回仍需加压，但要轻轻拉回，速度要慢。 （ ）
2. 装配一组螺纹连接时，每个螺栓应一次拧紧。 （ ）
3. 直浇道越短，金属液越容易充满铸型型腔。 （ ）
4. 千分尺又称分厘卡，可以测量工件的内径、外径和深度等。 （ ）
5. 锯切圆管在管壁将被锯穿时，圆管应转一个角度，继续锯切，直至锯断。 （ ）
6. 攻盲孔螺纹时，由于丝锥不能攻到孔底，所以钻孔深度应大于螺纹深度。 （ ）
7. 钻深孔时，钻头应经常退出排屑，防止切屑堵塞、卡断钻头。 （ ）
8. 铸件浇注不足与浇注温度、浇注速度及铸件壁厚有关。 （ ）
9. 型芯的主要作用是构成铸件的内腔或孔。 （ ）
10. 退火主要用于降低材料的硬度，便于切削加工。 （ ）

三、填空题

1. 型砂主要由________等组成，它应具备________、________、________、________等基本性能。

2. 钢进行热处理的主要目的是________________和________________。

3. 典型的浇注系统是由__________、__________、__________、__________组成。

4. 浇注位置是指________________________________。

5. 锯条安装时，锯齿的方向应与锯削时________________________方向一致。

6. 划线分__________和__________两种。划线时应注意__________。

7. 装配工作按__________、__________、__________的次序进行。

8. 钳工的基本操作包括__________、__________、__________、__________、__________、__________、__________。

四、选择题

1．碳钢的中小型锻件，其锻后的冷却方式应是(　　)。

A．炉冷　　B．空冷　　C．坑冷

2．下列材料中，不能锻造成形的是(　　)。

A．HT200　　B．25 钢　　C．LD5

3．铸件壁太薄，浇注时铁水温度太低，成形后容易产生的缺陷是(　　)。

A．气孔　　B．缩孔　　C．裂纹　　D．浇不足

4．在能够完成规定成形工步的前提下，坯料加热次数越多，锻件质量(　　)。

A. 越好　　B．越差　　C．不受影响

5．刮削硬工件时，刮刀刀头的材料为(　　)。

A．高速钢　　B．碳素工具钢　　C．轴承钢　　D．硬质合金

6．气焊点火时应(　　)。

A．先微开氧气阀门，后打开乙炔阀门　　B．先打开乙炔阀门，后打开氧气阀门

C．同时打开氧气阀门和乙炔阀门

7．分型面应选择在(　　)。

A．加工面上　　B．受力面上　　C．铸件的最大截面处　　D. 顶面上

8．攻螺纹时，每正转一圈要倒退 1/4 圈的目的是(　　)。

A．减少摩擦　　B．提高螺纹精度　　C．便于断屑　　D．减少切削力

9．坯料在加热过程中出现过烧缺陷后，其处理办法是(　　)。

A．热处理　　B．重新加热锻造　　C．报废

10．手工电弧焊开坡口的目的是(　　)。

A．提高生产率　　B．保证焊透　　C．减少焊接电流

五、回答下列问题

1．真空注型主要有哪些方面的应用?

2. 写出下图中各部分的名称。

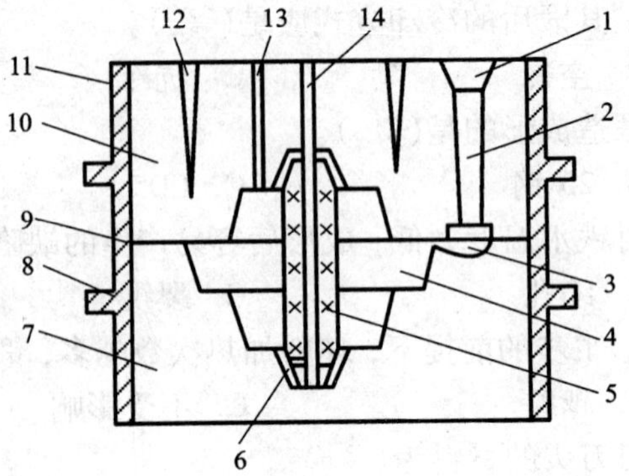

(1)__________	(8)__________
(2)__________	(9)__________
(3)__________	(10)__________
(4)__________	(11)__________
(5)__________	(12)__________
(6)__________	(13)__________
(7)__________	(14)__________

机械制造工程训练考试样卷二

一、名词解释

1. 前角
2. 后角
3. 数控机床
4. 自由锻

二、判断题

1. 机床转速加快时，刀具走刀量不变化。 ( )
2. 零件表面粗糙度数值越高，它的表面越粗糙。 ( )
3. 接通机床电源时，操作面板上的 E－STOP 按钮处于接通位置。 ( )
4. 空气锤的规格是以工作活塞、锤杆加上砧铁的总质量来表示的。 ( )
5. 加热温度越高，越容易锻造成形，故锻件质量也越好。 ( )
6. 焊条直径越粗，选择的焊接电流应越大。 ( )
7. 对接是焊接中常用的接头形式。 ( )
8. 高速钢车刀可用于高速切削。 ( )
9. 切削加工时，由于机床不同，主运动也不同。主运动可以是几个。 ( )
10. 在车床上镗孔，若刀杆细长，则容易出现锥形误差。 ( )

三、填空题

1. 车床的切削用量是指__________、__________、__________，其符号分为__________、__________、__________。

2. 气焊与气割是本质不同的两个过程，气焊是________________，气割则是________________。

3. 刀具切削部分的材料应具备__________、__________、__________、__________等性能。

4. 自由锻造工艺过程包括________________、________________和________________。

5. 切削加工时对零件的技术要求有____________________和________________等方面。

6. 车床中刀架手柄刻度盘的每格刻度值为 0.5 mm，如果将直径 50.8 mm 的工件车至 49.2 mm，应将刻度盘转过__________格。

7. 你实训中所用的电焊条牌号是________________，焊条直径为__________mm，焊接电流为__________安培。

8. 锻造前金属要加热，其目的是提高其____________，降低________，使锻造时能省力并防止开裂。

四、选择题

1. 车外圆时，车刀刀尖高于工件轴线则会产生(   )。

A. 加工面母线不直　B. 圆度产生误差　C. 车刀后角增大，前角减小

2. 碳钢的中小型锻件，其锻后的冷却方式应是(   )。

A. 炉冷　B. 空冷　C. 坑冷

3. 数控铣通常采用(   )。

A. 手动编程　B. 自动编程　C. 增量编程　D. 绝对编程

4. 精车时，切削用量的选择，应首先考虑(   )。

A. 切削速度　B. 切削深度　C. 进给量　D. 切削力

5. 车刀上切屑流过的表面称为(   )。

A. 切削平面　B. 前刀面　C. 主后刀面　D. 副后刀面

6. M03 指令表示铣刀(   )。

A. 逆时针旋转　B. 顺时针旋转　C. 冷却液开　D. 冷却液关

7. 酸性焊条被广泛应用的原因是(   )。

A. 焊缝含氢量少　B. 焊接工艺性好　C. 焊缝抗裂性好

8. 坯料在加热过程中出现过烧缺陷后，其处理办法是(   )。

A. 热处理　B. 重新加热锻造　C. 报废

9. 手工电弧焊开坡口的目的是(   )。

A. 提高生产率　B. 保证焊透　C. 减少焊接电流

10. 应用中心架与跟刀架的车削，主要用于(   )。

A. 复杂零件　B. 细长轴　C. 长锥体

五、工艺分析

1. 图 1、图 2 中内浇口的开设哪一个合理，哪一个不合理？为什么？

图 1

图 2

六、简答题

1. 什么是粗齿锯条？什么是细齿锯条？实际生产中如何选择锯条？

2. 请谈谈你对机械制造工程实训的意见和建议。

机械制造工程训练考试样卷三

一、名词解释

1. 浇注系统
2. 钻孔
3. 主偏角
4. 装配

二、判断题

1. 型砂是制造砂型的主要材料。 ( )
2. 焊接厚板时，为保证焊透，必须开设坡口。 ( )
3. 磨削外圆时，磨床的前后顶尖均不随工件旋转。 ( )
4. 坯料加热的目的是提高金属的塑性，降低其变形抗力。 ( )
5. 拔长时送进量越大，则生产效率就越高。 ( )
6. 高速钢车刀可用于高速切削。 ( )
7. 正常锯削时，锯条返回仍需加压，但要轻轻拉回，速度要慢。 ( )
8. 切削速度就是指机床主轴的转速。 ( )
9. 分度盘正反两面都有许多孔数相同的孔圈。 ( )
10. 锉削后，工件表面的粗糙度主要决定于锉削方法。 ( )

三、填空题

1. 分型面是指________________________________。
2. 典型的浇注系统是由________、__________、____________、________组成。
3. 钳工的基本操作包括______、______、______、______、______、______、______等。
4. 锻压一般可分为________________和________________两大类。
5. 直流电焊时，焊较薄的工件应采用________接法，焊较厚的工件应采用__________接法。
6. 你在实训中使用的车刀刀头的材料是________________________。
7. 切削用量三要素是指____________、________________、________________。
8. 常用的铣削附件有__________、________、__________和__________。

四、选择

1. 铸件的分型面应选择在(　　)。

A. 加工面上　　B. 受力面上　　C. 铸件的最大截面处　　D. 顶面上

2. 数控机床的核心是(　　)。

A. 伺服系统　　B. 数控系统　　C. 反馈系统　　D. 传动系统

3. 磨削加工主要适合于加工(　　)。

A. 铝及铝合金　　B. 铜及铜合金　　C. 铸铁及钢

4. 当大批量生产承受冲击的齿轮轴材料为20CrMnTi时，其合适的毛坯制造方法是(　　)。

A. 铸造　　B. 模锻　　C. 冲压

5. 酸性焊条被广泛应用的原因是(　　)。

A. 焊缝含氢量少　　B. 焊缝抗裂性好　　C. 焊接工艺性好

6. 普通车床主要用于加工(　　)。

A. 带凸凹表面的零件　　B. 平面零件

C. 盘、轴、套类零件　　D. 任意表面

7. 平板锉适宜锉削(　　)。

A. 内凹曲面　　B. 圆孔　　C. 平面和外凸曲面　　D. 方孔

8. 为了保证安全，车床开动后，不能做的动作是(　　)。

A. 改变主轴转速　　B. 改变进给量　　C. 加大切深　　D. 量尺寸

9. 锯条安装过紧或过松，用力过大，锯条易发生(　　)。

A. 折断　　B. 崩齿　　C. 磨损过快　　D. 卡住

10. 数控铣床中的“三轴”是指运动轴(　　)。

A. 有三根　　B. 有三个位置　　C. 有三个移动方向　　D. 有三种进给量

五、工艺分析

下图所示零件拟采用铸造方法生产，请在零件图上划出分型面，并确定浇注位置。

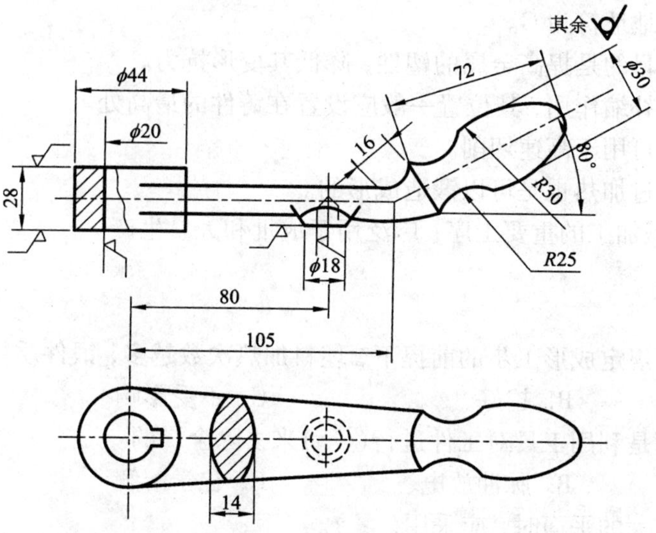

机械制造工程训练考试样卷四

一、填空

1. 典型的浇注系统是由________、________、________和________组成。

2. 焊接接头形式有________、________、________和________等。

3. 车床的主运动是____________，进给运动有____________。

4. 数控车床坐标系是以____________为坐标原点，建立起__________________标系统。

5. 锯条安装时，锯齿的方向应与锯削时________________方向一致。

6. 划线分________________和________________两种。

7. 数控编程有________________和________________两大类。

8. CNC 机床的计算机数控系统一般由________、________、________、________、________、________、________等组成。

二、判断

1. 型砂是制造砂型的主要材料。（　）
2. 数控机床按控制系统的工作方式可分为开环、闭环和半闭环系统。（　）
3. 切削速度就是指机床主轴的转速。（　）
4. 气焊时如发生回火，首先应立即关掉乙炔阀门，然后再关闭氧气阀门。（　）
5. 辅助功能的地址符为 G。（　）
6. 坯料加热的目的是提高金属的塑性，降低其变形抗力。（　）
7. 冒口主要起补缩作用，其位置一般应设置在铸件的最高处。（　）
8. 高速钢车刀可用于高速切削。（　）
9. 可锻铸铁经过加热也是可以锻造成形的。（　）
10. 划线是机械加工的重要工序，广泛用于成批和大量生产。（　）

三、选择题

1. 在能够完成规定成形工步的前提下，坯料加热次数越多，锻件质量（　）。

A. 越差　　B. 越好　　C. 不受影响

2. 数控线切割是利用工具对工件进行（　）来去除金属的。

A. 切削加工　　B. 脉冲放电　　C. 化学溶解

3. 锉削余量较大的平面时，应采用（　）。

A. 顺向锉　　B. 推锉　　C. 交叉锉　　D. 任意锉

4. 砂型强度低时，除造成修型、塌箱外，还会使铸件产生(　　)。

A. 气孔　　B. 浇不足　　C. 表面黏砂　　D. 砂眼、夹砂

5. “NC”的含义是(　　)。

A. 数字控制　　B. 计算机数字控制　　C. 网络控制　　D. 控制系统控制

6. 划圆、划圆弧和划等分线段的划线工具是(　　)。

A. 划针　　B. 划规　　C. 划卡　　D. 划针盘

7. 分型面应选择在(　　)。

A. 加工面上　　B. 受力面上

C. 铸件的最大截面处　　D. 顶面上

8. 数控机床的核心是(　　)。

A. 伺服系统　　B. 数控系统　　C. 反馈系统　　D. 传动系统

9. 坯料在加热过程中出现过烧缺陷后，其处理办法是(　　)。

A. 热处理　　B. 重新加热锻造　　C. 报废

10. 在普通车床上主要加工(　　)。

A. 带凸凹表面的零件　　B. 任意表面

C. 平面零件　　D. 盘、轴、套类零件

四、工艺分析

在(a)、(b)两图中，结构工艺性是否合理？如果不合理，请在原图上修改，并说明理由。

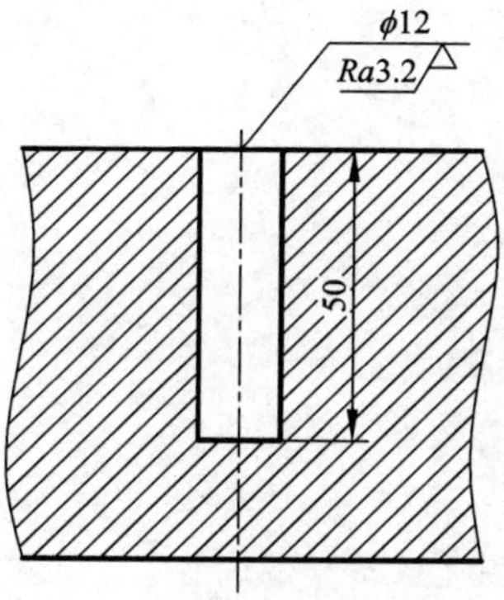

(a)

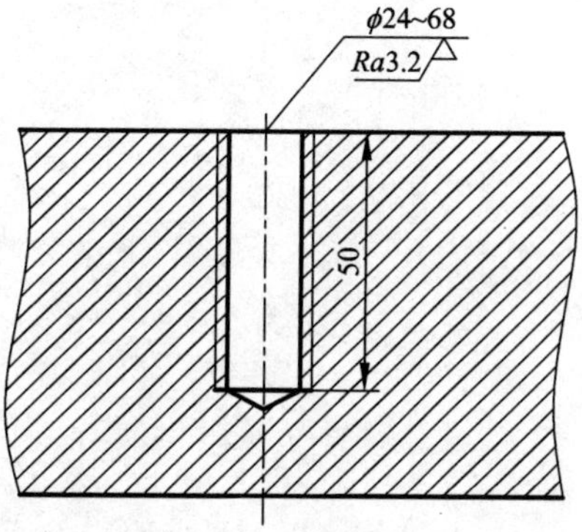

(b)

五、简答题

1. 铣削的工艺特点是什么？立铣能够加工的范围是哪些？

2. 你或你们组同学在铸造时出现了什么缺陷？试分析原因。

机械制造工程训练考试样卷五

一、填空题

1. 型砂主要由原砂、黏土和水等组成，它应具备________、________、________、________、________等基本性能。

2. 气焊火焰有三种不同性质的火焰：______、______和______，常用来焊接碳钢和有色金属的是______焰。

3. 在普通车床上可完成如下工作：车端面、车外圆、车锥面、车成形面、车螺纹、________、________、________、________、______、______、______、______。

4. 锯条安装时，锯齿的方向应与锯削时________________________________方向一致。

5. X，Y，Z 坐标轴的相互关系用右手定则决定：________的指向为 X 轴的正方向；__________的指向为 Y 轴的正方向，______________的指向为 Z 轴的正方向。

6. 铣削是一种_________生产率的切削加工方法，通常用来加工各种________、_______和______。

二、判断题

1. 芯骨的作用是用来增加砂型的强度。 （ ）

2. 快速自动成型可定义为一种将计算机中储存的任意三维形体信息通过材料逐层添加法直接制造出来。 （ ）

3. 直流正接适于焊接厚板，直流反接适于焊接薄板。 （ ）

4. 只有采用 CNC 技术的机床才叫数控机床。 （ ）

5. 车床镗孔比车外圆困难些，故切削用量要比车外圆选取得小些。 （ ）

6. 锉削后，工件表面的粗糙度主要决定于锉削方法。 （ ）

7. 型砂是制造砂型的主要材料。 （ ）

8. 为了使划出的线条清晰，划针应在工件上反复多次划线。 （ ）

9. 磨床工作台采用机械传动，其优点是工作平稳，无冲击振动。 （ ）

10. 铣平面用端铣刀比用圆柱铣刀具有更多的优点。 （ ）

三、选择题

1. 手工造型时，因砂舂得太紧或型砂太湿、起模和修型时刷水太多，砂型又未烘干，浇注后易在铸件上产生的缺陷是（ ）。

A. 砂眼　　B. 气孔　　C. 夹渣　　D. 夹砂

2. 数控线切割是利用工具对工件进行（ ）来去除金属的。

A. 切削加工　　B. 脉冲放电　　C. 化学溶解

3. 挖砂造型时，挖砂深度应达到(　　)。

A. 模样的最大截面处　　B. 模样的最大截面以下

C. 模样的最大截面以上　　D. 任意选择

4. 割炬的结构与焊炬相比，其特点是(　　)。

A. 结构完全一样　　B. 多一根切割氧气管　　C. 多一根切割乙炔管

5. 酸性焊条被广泛应用的原因是(　　)。

A. 焊缝含氢量少　　B. 焊接工艺性好　　C. 焊缝抗裂性好

6. 机床运动位置的坐标值是相对于前一位置给出的，该坐标系称为(　　)。

A. 机床坐标系　　B. 编程坐标系　　C. 绝对坐标系　　D. 相对坐标系

7. 车细长轴时，由于径向力的作用，车削的工件易出现(　　)。

A. 腰鼓形　　B. 马鞍形　　C. 锥形

8. 在长方体工件上直接钻孔铣封闭槽可采用(　　)。

A. 圆柱形铣刀　　B. T 形槽铣刀　　C. 键槽铣刀

9. 在精锉较窄表面或表面上有凸台时常采用(　　)。

A. 交叉锉　　B. 顺向锉　　C. 推锉　　D. 任意锉

10. 磨削冷却液通常使用的是(　　)。

A. 机油　　B. 乳化液　　C. 自来水　　D. 机油 + 水

四、工艺分析

下列结构形式是否合理？若认为不合理，请在原图上改正，并说明理由。

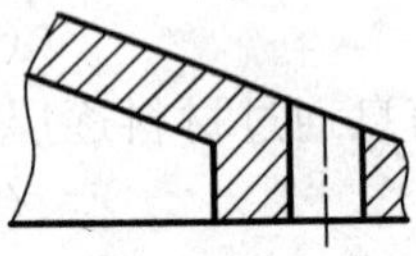

五、简答题

1. 简述在锻造加热时应该注意哪些事项?

2. 请谈谈您对机械制造工程实训的意见和建议。

第二部分

非机械类适用

训练报告一　机械工程材料

班级及学号		姓名		成绩	

目的和要求

1. 了解工程材料的种类；钢铁材料的牌号和主要性能特点。
2. 了解钢的热处理原理、作用以及常用热处理方法。
3. 了解常用的热处理设备的种类和结构。
4. 进行实践零件的热处理工艺操作。

热处理实践安全技术

1. 按照有关的规定穿戴好防护用品。
2. 操作前，应熟悉零件的工艺要求以及相关设备的使用方法，严格按工艺规程操作。
3. 使用电阻炉加热时，应在切断电源的情况下进行工件的进炉或出炉操作。使用盐浴炉加热时，工件和工具都应烘干。
4. 不要触摸出炉后尚在高温的热处理工件，以防烫伤。

一、选择

1. 钳工所用的锉刀常选用(　　)来制造。

A. 碳素工具钢　　B. 合金工具钢　　C. 硬质合金

2. 测定铸铁的硬度一般选用(　　)试验计。

A. 布氏硬度　　B. 洛氏硬度　　C. 布氏硬度或洛氏硬度

3. 碳的质量分数大于0.6%的钢为(　　)。

A. 低碳钢　　B. 中碳钢　　C. 高碳钢

4. 铸铁中碳的质量分数是大于(　　)。

A. 2.11%　　B. 4.3%　　C. 6.69%

5. 你训练时所制作的手锤应进行(　　)热处理。

A. 淬火+低温回火　　B. 淬火+中温回火　　C. 淬火+高温回火

二、填空

1. 钢的热处理就是将固态钢采用适当的方式进行________、________和________，以获得所需的________结构与________的工艺方法。

2. 热处理只改变金属材料的________和________，而不能改变其________和________，这是与铸造、锻造、焊接、切削加工等工艺的不同之处。

3. 机械工程材料一般分为________、________和________三大类。

4. 钢的普通热处理主要包括________、________、________及________四种。

三、问答

1. 试述氧化处理（发黑）的工艺流程。

2. 退火及淬火的目的各是什么？

3. 通过钢铁材料的火花鉴别法，试述下列材料的火花特征。

（1）灰铸铁　　（2）低碳钢　　（3）高碳钢

指导教师签名________________　报告日期__________

训练报告二　铸　　造

班级及学号		姓名		成绩	

目的和要求

1. 熟悉砂型铸造生产的工艺过程及其特点和应用。

2. 了解型砂、芯砂等造型材料的主要性能、组成及其设备。

3. 了解砂型的结构以及模样(芯盒)、铸型(型芯)、铸件、零件之间的关系和区别。

4. 掌握手工两箱造型(整模、分模、挖砂造型等)的特点及操作技能，了解其他手工造型方法的特点及应用，了解机器造型的特点及造型机的工作原理。

5. 熟悉铸件分型面的选择，并能对铸件进行初步工艺分析。

6. 了解铸铁、铸钢、铝合金的熔炼方法、设备和浇注工艺。

7. 了解铸件的常见缺陷及产生的原因。

8. 了解常用特种铸造的主要原理、特点和应用。

9. 了解铸造生产安全技术及简单经济分析。

铸造实践安全技术

1. 必须穿戴好工作服、帽、鞋等防护用品。

2. 造型时，不要用嘴吹型(芯)砂；造型工具应正确使用，用完后不要乱放；翻转和搬动砂箱时，要小心，防止压伤手脚。

3. 浇注前，浇包须烘干；浇注时，浇包内的金属液不可过满，搬运浇包和浇注过程中要保持平稳，严防发生倾翻和飞溅事故；操作者与金属液保持一定的距离，且不能位于熔液易飞溅的方向，不操作的浇注者应远离浇包；多余的金属液应妥善处理，严禁乱倒乱放。

4. 铸件在铸型中应保持足够的冷却时间，不要去碰未冷却的铸件。

5. 清理铸件时，应注意周围环境，正确使用清理工具，合理掌握用力大小和方向，防止飞出的清理物伤人。

一、选择

1. 型砂中加入煤粉、锯木屑的主要作用是(　　)。

A. 提高型砂强度　　B. 便于起模　　C. 防止黏砂和提高型砂透气性、退让性

2. 下列物品中，适用铸造生产的是(　　)。

A. 主轴箱齿轮　　B. 铝饭盒　　C. 机床丝杠　　D. 哑铃

3. 铸件产生黏砂的主要原因是(　　)。

A. 型砂强度不够　　B. 舂砂太紧实　　C. 浇注温度过高和造型材料耐火性差

4. 浇注前往往在上型上加压铁的作用是(　　)。

A. 防止上型抬起产生跑火　　B. 增加砂箱强度

C. 避免过多空气从分型面进入铸型，使铸件产生氧化

5. 为了有助于发挥横浇道的挡渣作用，内浇道截面常做成(　　)。

A. 扁平梯形　　B. 圆形　　C. 半圆形　　D. 高梯形

6. 砂型铸造的特点是(　　)。

A. 原材料价格低廉　　B. 只能生产铸铁件

C. 力学性能和表面质量比锻件高　　D. 废品率低

7. 在选择分型面时，应尽量使铸件(　　)。

A. 位于两个砂型中　　B. 位于上型　　C. 位于下型

8. 机器造型适宜于(　　)。

A. 单件小批量生产　　B. 成批大量生产　　C. 均可

9. 起模前，在模样周围刷水是为了(　　)。

A. 提高型砂的耐火性　　B. 增加型砂的湿强度和可塑性

C. 提高型砂的流动性　　D. 提高型砂的退让性

10. 型砂透气性不好会使铸件产生(　　)缺陷。

A. 冷裂　　B. 热裂　　C. 气孔

二、填空

1. 从下图中可以看出采用手工造型的砂型铸造工艺过程。其主要有制造模样、造型(芯)、＿＿＿＿＿＿、＿＿＿＿＿＿及落砂和清理等。

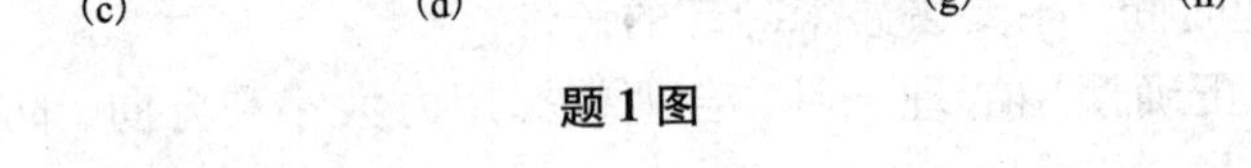

题 1 图

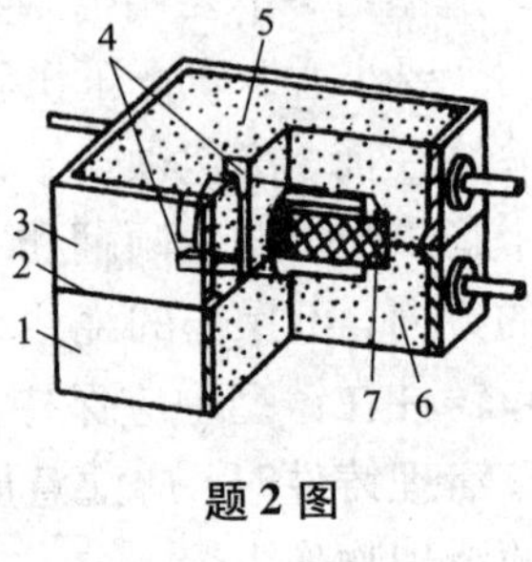

题 2 图

2. 上图所示为砂型的组成，请填写图示各部分的名称

(1)＿＿＿＿＿＿　(2)＿＿＿＿＿＿　(3)＿＿＿＿＿＿　(4)＿＿＿＿＿＿

(5)＿＿＿＿＿＿　(6)＿＿＿＿＿＿　(7)＿＿＿＿＿＿

3. 型砂应具备＿＿＿＿＿＿、＿＿＿＿＿＿、＿＿＿＿＿＿、＿＿＿＿＿＿和＿＿＿＿＿＿等主要性能。

4. 凡是不能用砂型做出的＿＿＿＿或无法起模的＿＿＿＿，都应设置芯子。芯在铸型中常用的定位方式是靠＿＿＿＿定位。

5. 浇注系统是为______________流入______________而开设于铸型中的一系列____________________。

6. 常用的特种铸造方法有___________铸造、_________铸造、_________铸造和________铸造等。

三、判断

1. 砂型铸造时，必须先制模样，模样的尺寸应与所需铸件的尺寸完全相同。模样的形状就是铸件的形状。（ ）

2. 冒口应设置在铸件最高、最厚部位，以便利用金属液的重力作用进行补缩。（ ）

3. 对于中小型铸件，通常只设一个直浇道。而大型或薄壁复杂的铸件，常设几个直浇道，同时进行浇注。（ ）

4. 一旦发现铸件有缺陷，此件必然是废品。为保证产品质量，检验时对这类铸件必须剔除。（ ）

四、问答

1. 模样上为什么不能存留分型砂？

2. 不论什么铸件都不允许有缺陷存在，你认为这样的技术要求合理吗？

3. 浇注系统由哪几部分组成？各部分的作用是什么？

4. 合型线应做在砂箱的什么位置才能使上、下型位置对准确？

5. 铸型中的气体来源于什么地方？

6. 模样、铸件以及最后加工得到的零件三者之间，在形状和尺寸上有何区别？

指导教师签名________________ 日期_________

训练报告三　锻　　压

班级及学号		姓名		成绩	

目的和要求

1. 熟悉锻压生产的工艺过程、特点及应用。

2. 了解锻压生产所用设备(如空气锤、冲床等)的结构、工作原理和使用方法。

3. 了解坯料加热的目的和方法、常见的加热缺陷，以及锻件的冷却方法。

4. 掌握自由锻基本工序的特点和简单自由锻件的操作技能，并能对自由锻件初步进行工艺分析。

5. 了解模锻和胎模锻的工艺特点及应用。

6. 了解冲压基本工序和冲模的结构；了解锻件和冲压件的常见缺陷及其产生原因。

7. 了解钣金工艺特点和应用；了解锻压和钣金生产安全技术及简单经济分析。

锻压实践安全技术

1. 穿戴好工作服等防护用品。

2. 检查所用的工具是否安全、可靠；手工锻时，应经常注意检查锤头是否有松动。

3. 钳口形状必须与坯料断面形状、尺寸相符，以便夹牢，并在下砧铁中央放平、放正、放稳坯料，先轻打后重打。

4. 手钳或其他工具的柄部应靠近身体的侧旁，不许将手指放在钳柄之间，以免伤害身体。

5. 踩踏杆时，脚跟不许悬空，以便稳定地操纵踏杆，保证操作安全。

一、选择

1. 45 钢的常用锻造温度范围是(　　)。

A. 1200 ~ 800℃　　B. 1100 ~ 900℃　　C. 1100 ~ 850℃

2. 普通碳素结构钢，锻后通常采用(　　)。

A. 空冷　　B. 坑冷　　C. 炉冷

3. 锻造轴类零件，必须采用的基本工序为(　　)。

A. 冲孔　　B. 拔长　　C. 镦粗

4. 小型锻件的中、小批量生产宜采用的锻造方法为(　　)。

A. 模锻　　B. 自由锻　　C. 胎模锻

5. 薄板件成形宜采用的生产方法为(　　)。

A. 胎模锻　　　　　　　　B. 板料冲压　　　　　　　　C. 模锻

二、填空

1. 弯曲时，受弯曲部位的金属，内层被________，容易________，外层被________，容易________。弯曲半径愈小，变形程度愈大。因此，按坯料的材质和厚度不同，有______________________的限制。

2. 锻件冷却的方式有1 ______，2 ______，3 ______。方式1适用于______________________________，方式2、3适用于______________________________。

3. 空气锤以及所有锻锤的主要规格参数是其________________，又称____________，它包括____________，________，________，和__________________。

4. 锻件通常采用的____________________，大都具有良好的锻造性能。冲压件一般都采用____________________等具有良好塑性的材料制造。______不能锻压，如________。

5. 手工自由锻的基本工序有________、________、________、________、________、________等。

6. 锻造前坯料加热的目的是______________________、____________________________，改善可锻性。

7. 加热时，可能出现的缺陷有__________、__________、__________、________和________。

三、判断

1. 加热可以提高坯料的塑性，降低变形抗力，所以加热温度愈高愈好。　　(　　)

2. 金属材料加热过热、过烧后，锻件坯料报废。　　(　　)

3. 锻件的冷却速度与碳元素及合金元素的含量、锻件的体积、形状有关。　　(　　)

4. 拔长时，为提高拔长效率，送进量越大越好。　　(　　)

5. 镦粗时，对坯料的高径比有要求，而拔长时则不要求坯料尺寸。　　(　　)

6. 锻压指的就是锻造。　　(　　)

四、问答

1. 锻造对坯料有何要求？请说明理由。

2. 模锻与自由锻相比有哪些优缺点？

3. 列举出日常生活中常见的两种冲压件，并分别写出所采用的冲压基本工序。

指导教师签名________________　日期__________

训练报告四　焊　　接

班级及学号		姓名		成绩	

目的和要求

1. 了解焊接的工艺过程、特点与应用。

2. 了解焊条电弧焊和气焊所用设备及工具的结构、工作原理与使用。

3. 了解焊条的组成及作用，了解酸性焊条和碱性焊条的性能特点，熟悉结构钢焊条的牌号。

4. 熟悉焊条电弧焊焊接工艺参数及其对焊接质量的影响，了解常见的焊接接头形式、坡口、焊接空间位置等；能用焊条电弧焊方法独立完成焊接操作(引弧、运条、收尾)。

5. 熟悉气焊焊接过程特点、气焊火焰种类、调节方法和应用；熟悉气割原理、切割过程及金属切割条件。

6. 了解其他常用焊接方法的特点和应用。

7. 了解熔焊的常见缺陷及其产生的原因。

8. 了解焊接生产安全技术及简单经济分析。

焊接实践安全技术

1. 焊条电弧焊的安全操作：

(1)防止触电。操作前应检查焊机是否接地，焊钳、电缆和绝缘鞋是否绝缘良好，不准赤手接触导电部分等。

(2)防止弧光伤害和烫伤。焊接时，必须戴好手套、面罩、护脚套等防护用品，不得用眼直接观察电弧。焊件焊完后，应用手钳夹持，不准直接用手拿。除渣时，应防止被焊渣烫伤。

(3)保证设备安全。焊钳严禁放在工作台上，以免短路烧坏焊机。发现焊机或线路发热烫手时，应立即停止工作。焊接现场不得堆放易燃易爆物品。

2. 气焊及气割的安全操作：

(1)操作前，应戴好防护眼镜和手套。

(2)点火前，应检查气路各连接处是否畅通，有无堵塞现象。如有堵塞，应排除堵塞。

(3)氧气瓶及各个气路部分均不得沾染油脂，以防燃烧爆炸。

(4)严格按规定程序进行点火及关闭气焊设备操作。

(5)如发生回火现象，应立即关闭乙炔阀，然后关闭氧气阀；待回火熄灭后，将焊嘴用水冷却，然后打开氧气阀，吹去焊炬内的烟灰后，再重新点火使用。

一、选择

1. 以下金属材料中，焊接性能最好的是(　　)。

A. 低碳钢　　B. 铸铁　　C. 铜及铜合金

2. 气焊焊接低碳钢零件时，一般采用(　　)。

A. 氧化焰　　B. 中性焰　　C. 碳化焰

3. 碱性焊条应用广泛的主要原因是(　　)。

A. 质量好　　B. 焊缝含氢量高　　C. 焊接工艺性能好

4. 气焊时的中性焰，其氧气与乙炔的体积比为(　　　)。

A. 小于1.1　　B. 1.1~1.2　　C. 大于1.2

5. 在焊接过程中，减少熔池中氢、氧等气体含量的目的是为了防止或减少焊件(　　)缺陷。

A. 气孔　　B. 烧穿　　C. 夹渣

6. 制造精密仪表、电子线路常用的焊接方法是(　　)。

A. 电条电弧焊　　B. 埋弧焊　　C. 钎焊

7. 用钢芯焊条焊接时，焊接电弧中热量最低的是(　　)。

A. 阳极区　　B. 阴极区　　C. 弧柱

8. 焊条规格的表示方法是(　　)。

A. 焊芯直径　　B. 焊芯长度　　C. 焊芯加药皮的直径

二、填空

1. 按编号将图示焊条电弧焊工作系统各装置名称填入下表。

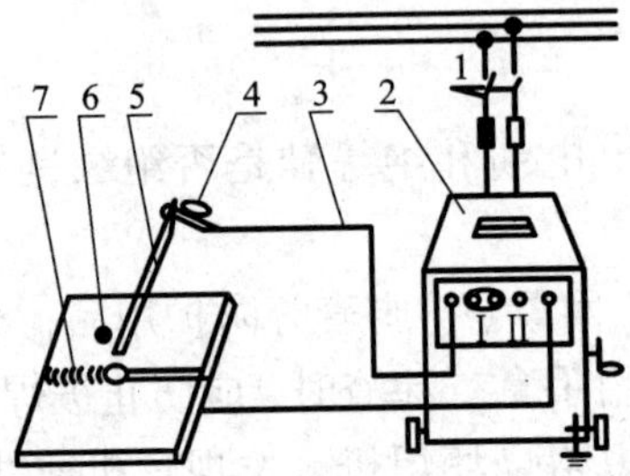

序号	名　　称
1	
2	
3	
4	
5	
6	
7	

2. 常用的焊接方法可分为________、________和________三类。

3. 焊接空间位置有________、________、________、________等四种。

4. 焊缝的缺陷主要有________、________、________、________和______等。

5. 焊条的焊芯主要作用是______和______，而药皮的主要作用是________、________

和__________。

6. 焊接厚板时，为保证焊透，应加工____
__________。

7. 焊接是通过_____ 或_____（或______），并且用或不用__________，使其达到______
______，而连接成一个不可拆卸的整体的加工方法。

8. 常用的焊接方法有________、_______、__________、________、_________。

9. 气焊时，点燃焊炬的顺序为________，__________；熄灭焊炬的顺序为________，__
__________。

三、判断

1. 必须同时加压又加热才能进行焊接。（　）
2. 气焊火焰温度较低，热量分散，所以适用于焊接薄板和有色金属。（　）
3. 焊条直径愈粗，焊接电流愈小。（　）
4. 焊接速度过慢，不仅焊缝的熔深和焊缝宽度增加，薄件还易烧穿。（　）

四、问答

1. 气焊、气割常用设备和工具有哪几种？

2. 电焊条由哪几部分组成？各组成部分起什么作用？试述焊条 J422 中符号和数字的表示意义。

3. 用手弧焊对接平焊 3 mm 的板料（Q235－A）时，怎样确定焊条的直径与焊接电流？

4. 手弧焊焊条改用光丝代替进行焊接时会产生什么后果？

指导教师签名__________________　日期__________

训练报告五　车削加工

班级及学号		姓名		成绩	

目的和要求

1. 了解车削加工的工艺特点及加工范围。
2. 了解车床的型号、结构、传动，并能正确操作车床。
3. 了解常用车刀的组成、主要角度及其作用、常用刀具材料。
4. 能正确使用常用的刀具、量具及夹具。
5. 掌握车外圆、车端面、钻孔和镗孔、切槽和切断、车成形面、车螺纹等车削方法。
6. 能独立加工一般的零件，具有一定的操作技能和车工工艺知识。
7. 了解车削加工安全技术。

车削加工实践安全技术

1. 穿戴合适的工作服，女同学务必将长发压入帽内，严禁戴手套操作。
2. 开车前要认真检查机床运动部位，电气开关是否在安全可靠位置。
3. 工件和刀具装夹要牢固可靠，床面上不准放工、夹、量具及其他物件。
4. 工作时，头不可离工件太近，以防飞屑伤眼，必要时需戴防护眼镜。
5. 车床开动时，不得测量工件，不得用手触摸工件，不得用手直接清除切屑，停车时不得用手去刹住转动的卡盘。禁止开车变换主轴转速。
6. 自动横向或纵向进给时，严禁床鞍或中滑板超过极限位置，以防滑板脱落或撞击卡盘而发生人身设备事故。
7. 工作结束后，关闭电源、清除切屑、清洁机床、加油润滑，保持工作环境整洁，做到文明实践。

一、选择

1. 前角较小的车刀适用于(　　)。

A. 精车　　B. 半精车　　C. 粗车

2. 车刀从工件的圆周表面向中心走刀车端面时，其切削速度(　　)。

A. 不变　　B. 逐渐减小　　C. 逐渐增大

3. 车床能自动定心的夹具是(　　)。

A. 四爪夹盘　　B. 三爪夹盘　　C. 花盘

4. 车削加工时如果需要变换主轴的转速，应(　　)。

A. 先停车后变速　　B. 工件旋转时直接变速　　C. 点动开关变速

5. 用车削方法加工平面，主要适用于(　　)。

A. 轴、套、盘类零件的端面　　B. 窄长的平面　　C. 不规则形状的平面

6. 切削用量三要素为(　　)。

A. v、ap、f　　B. v、ac、f　　C. v、ac、ap

7. 车外圆时，带动溜板箱做进给运动的是(　　)。

A. 丝杠　　B. 光杠　　C. 丝杠或光杠

二、填空

1. 按编号将下图所示的普通车床主要组成部分的名称和作用填入下表。

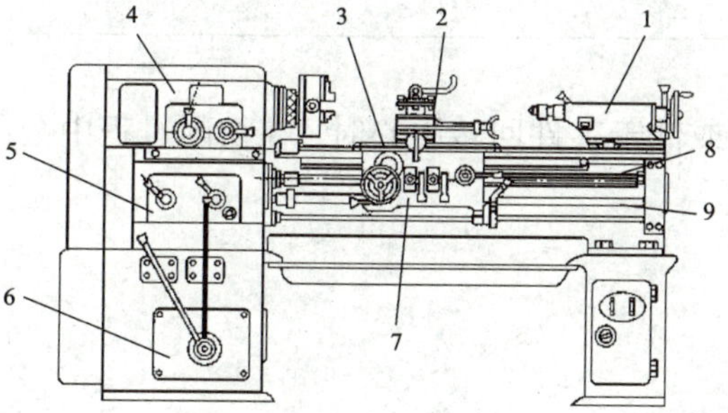

序号	名　称	作用
1		
2		
3		
4		
5		
6		
7		
8		
9		

2. C6132 型普通车床的中心高为______ mm，主轴最低转速为________，最高转速为__________。

3. 用车刀切削工件时，工件上形成的三个表面是__________、__________、__________。

4. 安装车刀时，刀尖应与工件的____________________等高。

5. 90°偏刀主要用来车削____________________轴类工件。

6. 在车床上安装工件所用的附件主要有__________、__________、__________、__________。

三、问答

1. 写出下列刀具的名称及用途。

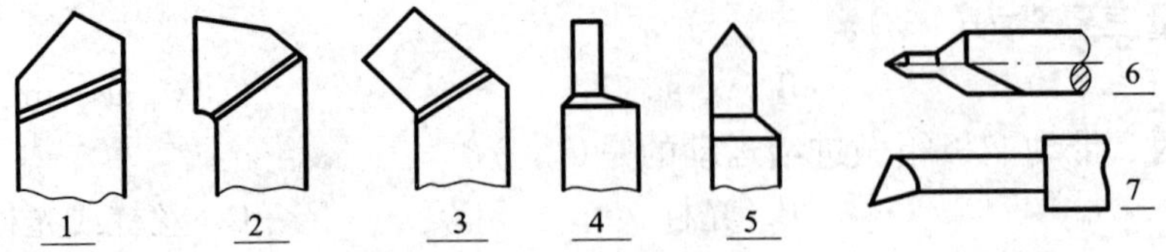

(1)________ 车刀，____。
(2)________ 车刀，____。
(3)________ 车刀，____。
(4)________ 车刀，____。
(5)________ 车刀，____。
(6)________ 车刀，____。
(7)________ 车刀，____。

2. 试分析外圆车刀在装夹过程中，刀尖高于或低于工件回转中心时，在切削过程中会出现什么现象。为什么？

3. 指出下图所示的车刀中哪一种最适合精车外圆。为什么？

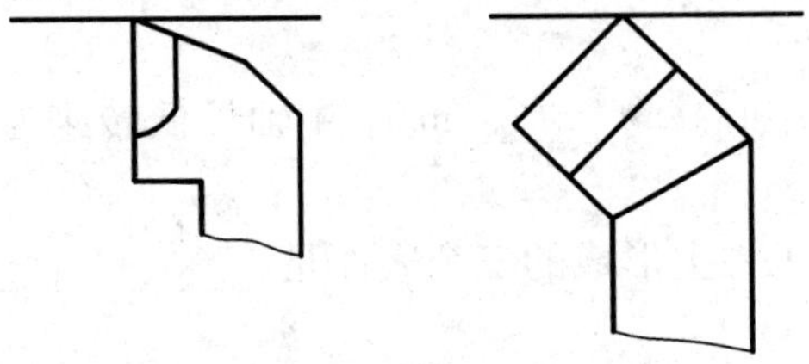

90° 偏刀　　45° 弯头外圆车刀

4. 通过车工实习后，简述车床加工范围和车削特点。

指导教师签名________________ 日期

训练报告六　铣削加工

班级及学号		姓名		成绩	

目的和要求

1. 了解铣削加工的工艺特点及应用范围。

2. 了解铣削加工常用设备的组成和用途；了解常用刀具和附件的大致结构(特性)、选择和使用方法。

3. 熟悉铣削加工方法。

4. 掌握在机床上正确装夹刀具与工件的方法。

5. 完成简单零件的铣削加工。

6. 能对简单零件进行初步的加工工艺分析。

7. 了解铣削加工安全技术，并能进行简单经济分析。

铣削加工实践安全技术

1. 工作时要穿好工作服，长头发压入帽内，不得戴手套操作机床，以防发生人身事故。

2. 多人共用一台机床时，只能一人操作，严禁两人同时操作，学生应站在安全位置以防意外，注意他人的安全。

3. 开动机床前必须检查手柄位置是否正确，机床运行是否正常。

4. 工件、刀具和夹具都必须装夹牢固后才能工作。

5. 加工过程中不能离开机床，不能测量正在加工的工件或用手去摸工件，不能用手去清除切屑，应用刷子进行清除。

6. 学生操纵机床切削用量不宜过大；严禁开车时变换切削用量，以免发生设备和人身事故。

7. 发现机床运转有不正常现象应立即停车，关闭开关，报告指导教师。

8. 工作结束后，关闭电源，清除切屑，擦拭机床、工具、量具和其他辅具，加油润滑，清扫地面，保持良好的工作环境。

一、选择

1. 铣削水平面和垂直面应选用(　　)。

A. 卧铣　　　B. 立铣　　　C. 卧铣或立铣

2. 带孔铣刀多用于(　　)。

A. 卧式铣床　　B. 立式铣床　　C. 卧式铣床或立式铣床

3. 铣削加工时，主运动是(　　)。

A. 工件的直线移动　　B. 铣刀的旋转运动　　C. 工件的垂直进给

4. 单件生产封闭式键槽，一般在(　　)铣床上加工。

A. 立式　　B. 卧式

5. 把铣刀装在卧式铣床刀轴上时，由垫圈调整铣刀位置，应尽量使铣刀(　　)主轴。

A. 远离　　B. 靠近

二、填空

1. 我操作的铣床型号是________________，主参数名称____________。

2. 铣削过程的主运动是________________，进给运动是________________。

3. 立铣和卧铣的主要区别是________________________________。

4. 铣削主要用于加工____________、____________、____________等。

5. 铣床的种类有____________、____________、____________等。

6. 按照所用刀具的不同，平面的铣削方式可分为____________、____________两种。

7. 写出 X6132 铣床的各部分名称。

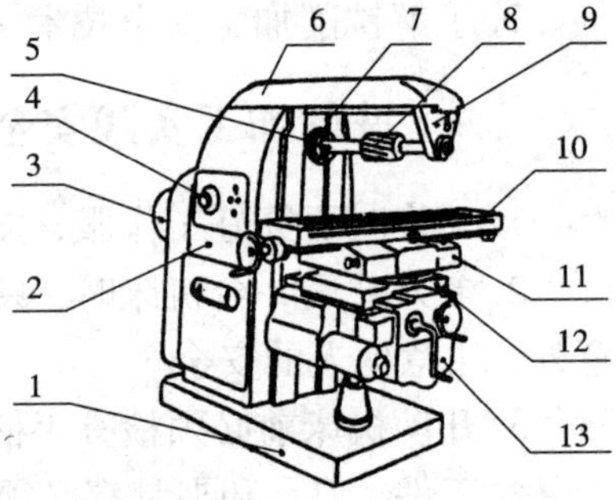

(1)____________　(2)____________

(3)____________　(4)____________

(5)____________　(6)____________

(7)____________　(8)____________

(9)____________　(10)____________

(11)____________　(12)____________

(13)____________

8. 写出下列刀具的名称及用途。

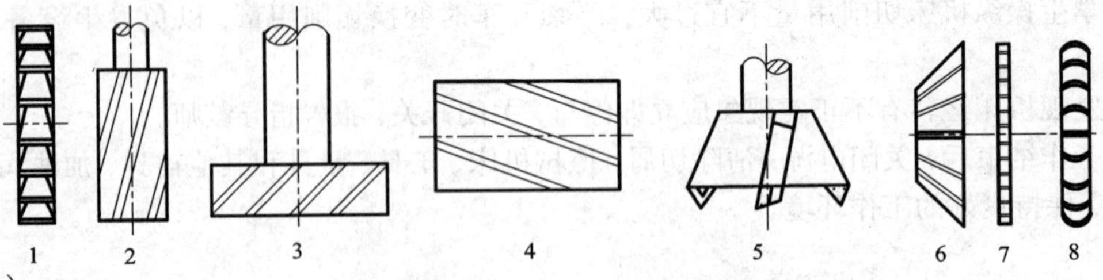

(1)________________________________。

(2)________________________________。

(3)________________________________。

(4)________________________________。

(5)________________________________。

（6）____。

（7）____。

（8）____。

三、问答

1. 分度头由哪几部分组成？计算铣六角螺钉和八角螺母时，每次分度手柄应转过的圈数。

2. 卧式铣床与立式铣床的主要区别是什么？

3. 带孔铣刀和带柄铣刀分别有哪些种类？

4. 什么叫顺铣？什么叫逆铣？实际生产中常采用哪种铣削方式？为什么？

指导教师签名________________ 日期__________

训练报告七　刨削加工

班级及学号		姓名		成绩	

目的和要求

1. 了解刨削加工的工艺特点及应用范围。

2. 了解刨削加工常用设备的组成和用途；了解常用刀具和附件的大致结构(特性)、选择和使用方法。

3. 了解刨削和常用齿形等加工方法。

4. 掌握在机床上正确装夹刀具与工件的方法。

5. 完成简单零件的刨削加工。

6. 能对简单零件进行初步的加工工艺分析。

7. 了解刨削加工安全技术，并能进行简单经济分析。

刨削加工实践安全技术

1. 工作时要穿好工作服，长头发压入帽内，不得戴手套操作机床，以防发生人身事故。

2. 多人共用一台机床时，只能一人操作，严禁两人同时操作，学生应站在安全位置以防意外，注意他人的安全。

3. 开动机床前必须检查手柄位置是否正确，机床运行是否正常。

4. 工件、刀具和夹具都必须装夹牢固后才能工作。

5. 加工过程中不能离开机床，不能测量正在加工的工件或用手去摸工件，不能用手去清除切屑，应用刷子进行清除。

6. 学生操纵机床切削用量不宜过大；严禁开车时变换切削用量，以免发生设备和人身事故。

7. 发现机床运转有不正常现象应立即停车，关闭开关，报告指导教师。

8. 工作结束后，关闭电源，清除切屑，擦拭机床、工具、量具和其他辅具，加油润滑，清扫地面，保持良好的工作环境。

一、选择

1. 刨削槽或切断工件应选用(　　)。

A. 偏刀　　B. 切刀　　C. 成形刀

2. 刨削适合于(　　)。

A. 成批生产　　B. 大量生产　　C. 单件小批生产

3. 刨削时的切削速度和退刀速度是(　　)。

A. 相等　　B. 前者大于后者　　C. 后者大于前者

4. 刨刀刀杆一般做成弯头是为了(　　)。

A. 提高刀具的强度　　B. 防止刀尖损坏已加工表面

5. 粗刨时选择切削用量应首先选取(　　)。

A. 切削速度　　B. 进给量　　C. 背吃刀量

6. 刨削轴类零件平面(如图)，应使用的安装方法是(　　)。

A. 三爪卡盘加顶尖　　B. V 形铁加压板　　C. 磁性吸盘

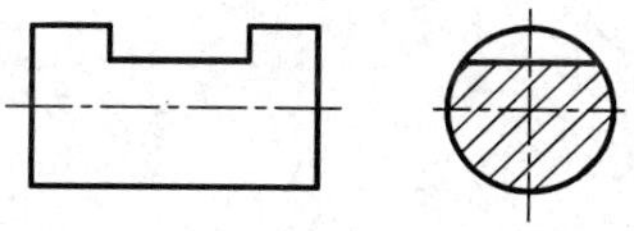

二、填空

1. 刨削主要用于加工________、________、________等。

2. 在牛头刨床上进行刨削时，主运动是________，进给运动是________。

3. B6050 中的 B 表示________，60 表示________，50 表示________。

4. 按编号将下图所示的刨床各部分的名称和作用填入下表。

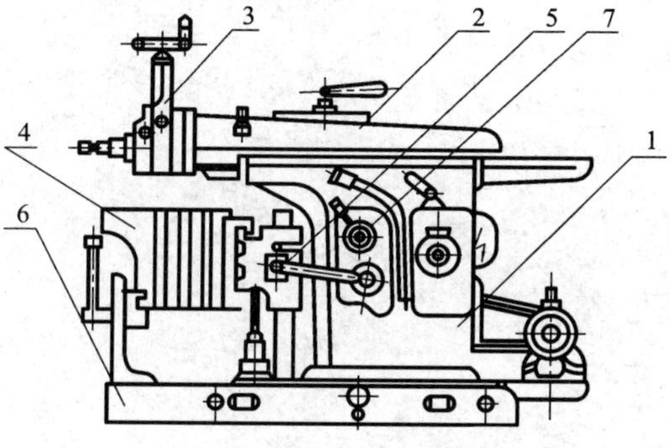

B6050B 牛头刨床外观图

序号	名　称	作用
1		
2		
3		
4		
5		
6		
7		

5. 我操作的牛头刨床型号是________，最大刨削长度为________毫米。

6. 牛头刨床的主运动是________，进给运动是________。

三、问答

1. 为什么牛头刨床很少使用硬质合金刀具?

2. 通过刨工实习，简述刨床的加工范围和刨削特点。

指导教师签名＿＿＿＿＿＿＿＿ 日期＿＿＿＿＿

训练报告八　磨削与光整加工

班级及学号		姓名		成绩	

目的和要求

1. 了解磨削与光整加工的工艺特点及应用范围。

2. 了解磨削与光整加工常用设备的组成和用途；了解常用砂轮和附件的大致结构（特性）、选择和使用方法。

3. 熟悉磨削与光整加工方法。

4. 掌握在机床上正确装夹刀具与工件的方法。

5. 完成简单零件的磨削与光整加工。

6. 能对简单零件进行初步的加工工艺分析。

7. 了解磨削与光整加工安全技术，并能进行简单经济分析。

磨削加工实践安全技术

1. 工作时要穿好工作服，长头发压入帽内，不得戴手套操作机床，以防发生人身事故。

2. 多人共用一台机床时，只能一人操作，严禁两人同时操作，学生应站在安全位置以防意外，注意他人的安全。

3. 开动机床前必须检查手柄位置是否正确，机床运行是否正常。

4. 工件、刀具和夹具都必须装夹牢固后才能工作。

5. 加工过程中不能离开机床，不能测量正在加工的工件或用手去摸工件，不能用手去清除切屑，应用刷子进行清除。

6. 学生操纵机床切削用量不宜过大；严禁开车时变换切削用量，以免发生设备和人身事故。

7. 发现机床运转有不正常现象应立即停车，关闭开关，报告指导教师。

8. 工作结束后，关闭电源，清除切屑，擦拭机床、工具、量具和其他辅具，加油润滑，清扫地面，保持良好的工作环境。

一、选择

1. 磨削平面时，主运动是(　　)。

A. 砂轮的转动　　B. 工件的直线往复运动　　C. 由工件和砂轮共同完成

2. 磨削主要用于零件的(　　)。

A. 粗加工　　B. 精加工　　C. 半精加工

3. 工作台的直线往复运动是采用(　　)。

A. 机械传动　　B. 电气传动　　C. 液压传动

4. 磨削硬质合金刀具应选用(　　)类磨料。

A. 碳化硅　　B. 刚玉　　C. 两者均可

5. 磨削硬材料应选用(　　)。

A. 硬砂轮　　B. 软砂轮　　C. 硬砂轮或软砂轮

二、填空

1. 磨削主要用来加工零件的________、________和________等。

2. 磨削平面方式可分为________和________两种。

3. 常用磨床有________、________、________和工具磨床等。

4. 我使用的磨床名称是________，机床型号各字母、数字的含义分别是________。

5. 平面磨床的磨削方式有________和________两种。

三、问答

1. 通过磨工实习，简述平面磨床和外圆磨床的加工范围及磨削特点。

2. 平面磨削和外圆磨削加工的进给运动各是什么？

指导教师签名________　日期________

训练报告九　钳　　工

班级及学号		姓名		成绩	

目的和要求

1. 熟悉钳工工作在机械制造及维修中的作用。
2. 掌握划线、锯削、锉削、钻孔、攻螺纹和套螺纹的方法及应用。
3. 掌握钳工常用工具、量具的使用方法；独立完成钳工作业件。
4. 了解刮削、研磨的方法和应用。
5. 了解钻床的组成、运动和用途，了解扩孔、铰孔及锪孔的方法。
6. 了解机械装配的基本知识，能装拆简单部件。

钳工实践安全技术

1. 钳台要放在光线适宜、便于操作的地方。
2. 钻床、砂轮机应安放在场地边缘。操作钻床时，不允许戴手套；使用砂轮机时，要戴防护眼镜，以保证安全。
3. 零件或坯料应平稳整齐地放在规定区域，并避免碰伤已加工表面。
4. 工具安放应整齐，取用方便。不用时，应整齐地收藏于工具箱内，以防损坏。
5. 量具应单独放置和收藏，不要与工件或工具混放，以保持精确度。
6. 清除切屑要用刷子，不要用嘴吹，更不要用手直接去抹、拉切屑，以免划伤。
7. 要经常检查所用的工具和机床是否有损坏，发现有损坏不得使用，须修好后再用。
8. 使用电动工具时，应有绝缘防护和安全接地措施。

一、选择

1. 齿条按齿距的大小可分为粗齿、中齿和细齿，粗齿锯条主要用于加工(　　)，细齿锯条主要用于加工(　　)。

A. 铜、铝等软金属及厚工件　　B. 普通碳素钢、铸铁及中等厚度工件

C. 硬钢板料及薄壁管子

2. 锉削工件前，需选择锉刀，如粗加工或锉铜、铝等有色金属应选用(　　)，精加工应选用(　　)。

A. 粗齿锉刀　　B. 中齿锉刀　　C. 细齿锉刀　　D. 油光锉

3. 训练时所用的钻床是(　　)。

A. 摇臂钻床　　B. 立式钻床　　C. 台式钻床

4.(　　)用来加工工件的内螺纹，而(　　)用来加工工件的外螺纹。

A. 板牙或螺纹切头　　B. 丝锥　　C. 螺纹切头

5. 锯削时，起锯角度约为(　　)。

A. 5°~10°　　B. 10°~15°　　C. 15°~30°

6. 以下(　　)是属于装配连接方式中的可拆连接。

A. 焊接　　B. 过盈　　C. 键　　D. 铆钉

7. 常用锉刀一般是用(　　)制造的。

A. 高速钢　　B. 中碳钢　　C. 高碳工具钢

8. 锯割硬材料料时，应选(　　)锯条。

A. 粗齿　　B. 细齿

9. 在铸件或锻件的毛坯表面划线时一般要涂(　　)。

A. 大白浆　　B. 紫色　　C. 红丹油

二、填空

1. 钳工一般是在钳台上以手工工具为主，对工件进行的各种加工方法。基本操作有______、______、______、______、______、__________、________、________。

2. 锉平面的方法主要有______锉、______锉和________锉，其中______锉适合于较大平面的粗加工，__________锉适合最后精锉。

3. 钳工加工孔的方法主要有______孔、______孔和______孔，其中________主要用于孔的精加工。

4. 手锯由__________________________________和____组成。

5. 按截面形状锉刀可分为____________、____________、____________、____________和圆锉。

6. 我实习中使用的钻床型号是__________，最大钻孔直径为____mm。钻孔时主运动是________，进给运动是______________。

7. 用划线工具在毛坯或工件上划出______________的工作，称为划线。划线可分为______________划线和______________划线。

8. 钳工锉平面的方法有________________锉法、________________锉法和______________锉法。

9. 用______________加工内螺纹的方法叫攻丝，用______________加工外螺纹的方法叫套扣。

三、问答

1. 什么是划线？划线的主要作用是什么？

2. 为保证质量且防止钻头折断，钻孔时应采取哪些措施？

3. 试述部件（产品）装配的要求，以及拆卸的注意事项。

指导教师签名__________________ 日期__________

训练报告十　数控加工

班级及学号		姓名		成绩	

目的和要求

1. 熟悉数控机床的组成及运动控制方式、加工特点和应用。
2. 掌握数控编程方法。
3. 掌握数控车、数控铣等机床的操作，编制简单零件程序，完成数控加工。

数控加工实践安全技术

操作数控车、铣床时，除须遵守普通车、铣等操作安全规则外，还须注意：

1. 严格按照设备使用说明和操作规程操作。

2. 对于数控和特种加工，输入程序，应先以图形方式模拟运行，检查轨迹正确性，确认程序正确后方可加工零件。

3. 当加工过程中出现紧急情况时，可执行紧急停止功能，即按下面板急停按钮，此时运动系统电源切断，主轴停转，机床各部件停止移动。检查、分析故障原因，消除故障。通过旋转急停按钮，可解除急停状态。

4. 进行特种加工操作时，要注意防腐蚀、防光辐射和注意电操作安全。

5. 加工结束后，关闭电源，清扫切屑，擦净机床，加润滑油。

一、选择

1. 数控车床的主轴方向为(　　)。

A. X 轴　　B. Z 轴　　C. Y 轴

2. G01 为(　　)指令。

A. 点定位　　B. 直线插补　　C. 圆弧插补

3. 编程指令中，用于刀具按顺时针方向进行圆弧插补的指令为(　　)。

A. G02　　B. G03　　C. G04

4. 联动数控铣床中的“三轴”是指主运动轴(　　)。

A. 有三根　　B. 有三个位置　　C. 有三个移动方向　　D. 有三种进给量

5. 数控铣通常采用(　　)。

A. 手动编程　　B. 自动编程　　C. 增量编程　　D. 绝对编程

二、填空

1. 数控车床由____________________、____________________、_______________等三部分组成。

2. 数控车床的加工特点有_______________、_____________、_______________和______________等。

3. 数控车床的对刀是为了获得______________________值，从而确定_____________________坐标系。

4. 顺时针方向旋转“方式选择旋钮”，依次指示的方式为：编辑、__________、__________、手轮（控制刀架移动）、__________、__________。

5. 数控铣床是以__________________方向为 Z 轴正方向，_________________的方向为 X 轴正方向。

6. 数控铣床通过二轴联动加工零件的_________，通过二轴半、三轴或多轴联动来加工____________。

三、问答

1. 什么是机床坐标系？什么是加工坐标系？

2. 试述刀架没有超出机床限定行程时回机床参考点的操作步骤。

3. 试比较普通铣床与数控铣床有哪些相同处和不同处。

4. 数控铣削的刀具半径补偿一般在什么情况下使用？如何进行补偿？

5. 试述数控铣床试切对刀的主要步骤。

6. 写出下列程序各语句的含义，并绘出其加工零件的图形。

N10 G90 G92 X0 Y0 Z30；

N20 G00 G00 X40 Y35；

```
N30  Z2    S1000  M03;
N40  G01   Z-2    F50;
N50  G03   X35   Y40   I-5   F100;
N60  G01   X15;
N70  G03   X10   Y35   J-5;
N80  G01   Y30;
N90  G03   X15   Y25   I5;
N100  G01   X35;
N110  G02   X40   Y20   J-5;
N120  G01   Y15;
N130  G02   X35   Y10   I-5;
N140  G01   X15;
N150  G02   X10   Y15   J5;
N160  G00   Z30   M05;
N170  X0    Y0;
N180  M02;
```

指导教师签名__________ 日期__________

训练报告十一　特种加工

班级及学号		姓名		成绩	

目的和要求

1. 了解特种加工的实质、特点和应用；了解特种加工的种类、主要性能。
2. 掌握电火花线切割加工编程技术，完成电火花线切割加工。

特种加工实践安全技术

操作特种加工机床时，除须遵守普通车、铣等操作安全规则外，还须注意：

1. 严格按照设备使用说明和操作规程操作。
2. 对于特种加工，输入程序，应先以图形方式模拟运行，检查轨迹正确性，确认程序正确后方可加工零件。
3. 当加工过程中出现紧急情况时，可执行紧急停止功能，即按下面板急停按钮，此时运动系统电源切断，主轴停转，机床各部件停止移动。检查、分析故障原因，消除故障。通过旋转急停按钮，可解除急停状态。
4. 进行特种加工操作时，要注意防腐蚀、防光辐射和注意电操作安全。
5. 加工结束后，关闭电源，清扫切屑，擦净机床，加润滑油。

一、选择

1. 电火花加工，可以加工的材料有(　　)。

A. 硬质合金　　B. 不锈钢　　C. 淬火钢　　D. 任何导电的金属材料

2. 电极丝的直径决定了(　　)和(　　)，最大切割速度一般都是用较粗的丝实现的。

A. 脉冲宽度　　B. 脉冲峰值电流　　C. 脉冲峰值电压　　D. 切缝宽度

3. 电火花加工用的脉冲电源的作用是把工频交流电流转换成(　　)的(　　)电流，以供给电极放电间隙所需的能量来蚀除金属。

A. 低频　　B. 高频　　C. 单向　　D. 双向

4. 数控线切割是利用工具对工件进行(　　)去除金属的。

A. 切削加工　　B. 脉冲放电

5. 数控线切割的工具电极是(　　)的。

A. 丝状　　B. 柱状　　C. 片状

6. 线切割加工编程时，计数长度应(　　)。

A. 以 μm 为单位　　B. 以 mm 为单位

二、填空

1. 电火花加工是在具有一定________性能的液体中，利用两极之间脉冲性火花放电时的________现象，对材料进行加工。

2. 电火花加工中，_________________和___________不直接接触，没有机械加工宏观的________。

3. 电火花线切割加工的基本原理是利用移动的________________做电极，对工件进行脉冲放电切割。

三、判断

1. 电火花线切割加工时工作脉冲的脉宽较窄，单个脉冲能量和平均电流较小。（　）
2. 单向走丝电火花线切割加工，所采用的工作液大多为乳化液。（　）
3. 在电火花加工过程中，无论是正极还是负极，都会受到不同程度的电蚀。（　）
4. 电火花加工表面的润滑性能和耐磨性能均比机械加工的好。（　）

四、问答

1. 什么叫特种加工？它与传统的切削加工有何区别？按加工原理及能量形式的不同，特种加工可分为哪些加工方法？

2. 电火花成型加工的应用范围有哪些？

3. 简述线切割加工的特点及其应用范围。

指导教师签名________________　日期__________

训练报告十二　综合工艺分析

班级及学号		姓名		成绩	

一、试述训练件(手锤)的制作工艺过程。

二、根据你在训练中所获得的知识，请设计一个训练件(尽可能多地包括训练中所涉及到的工种)，并画出草图及指出其加工工艺路线。

指导教师签名________________　日期__________

工程训练小结

班级及学号		姓名		成绩	

一、训练收获及体会(思想作风、操作技能、分析问题和解决问题能力等)。

二、说出你最感兴趣的工种。

三、谈谈给你印象最深的指导教师(从教学方法、态度、效果、责任感等方面)。

四、你对工程训练安排有何要求和建议?

指导教师签名________________ 日期__________